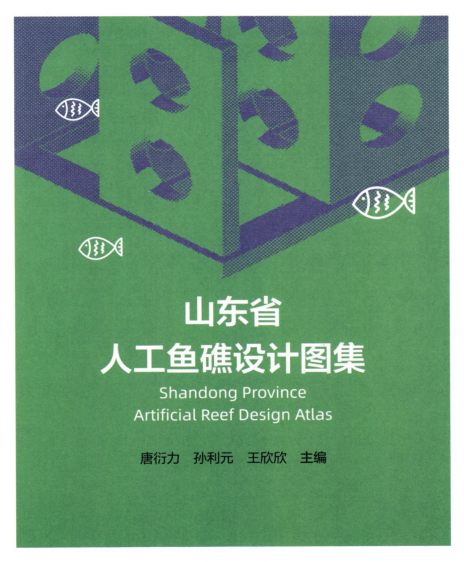

山东省
人工鱼礁设计图集
Shandong Province
Artificial Reef Design Atlas

唐衍力　孙利元　王欣欣　主编

中国海洋大学出版社
·青岛·

图书在版编目（ＣＩＰ）数据

山东省人工鱼礁设计图集 / 唐衍力, 孙利元, 王欣欣主编. — 青岛：
中国海洋大学出版社, 2022.12
　　ISBN 978-7-5670-3052-7

　　Ⅰ.①山… Ⅱ.①唐… ②孙… ③王… Ⅲ.①鱼礁—人工方式—设
计—山东—图集 Ⅳ.①S953.1-64

中国版本图书馆CIP数据核字(2021)第250616号

出版发行	中国海洋大学出版社	
社　　址	青岛市香港东路23号　　邮政编码　266071	
出 版 人	刘文菁	
网　　址	http://pub.ouc.edu.cn	
订购电话	0532-82032573 （传真）	
责任编辑	魏建功　丁玉霞	
照　　排	青岛光合时代传媒有限公司	
印　　制	青岛国彩印刷股份有限公司	
版　　次	2022年12月第1版	
印　　次	2022年12月第1次印刷	
成品尺寸	250 mm × 185 mm	
印　　张	6.5	
印　　数	1 ~ 1000	
字　　数	112千	
定　　价	66.00元	

如发现印装质量问题，请致电0532-58700166，由印刷厂负责调换。

前言

　　人工鱼礁是为修复和优化海洋生物生态环境，保护和增殖渔业资源，有目的地在海中设置的构造物。山东是渔业大省，渔业资源丰富，先后五次引领全国渔业发展浪潮，为我国渔业发展做出了巨大贡献。由于长期的过度捕捞、陆源污染等影响，山东半岛近岸海域生态环境持续恶化，海底荒漠化现象严重，常规的鱼汛不见了踪迹，渔业生物资源低质化现象严重，渔业资源日渐衰退，甚至到了无鱼可捕的境地。为扭转渔业资源日益枯竭的严峻形势，2005 年，山东省在全国率先启动渔业资源修复行动计划，投入财政资金扶持人工鱼礁建设，引领和推动产业发展，沿海地区人工鱼礁建设蓬勃兴起。

　　山东人工鱼礁的建设发展，大致分四个阶段：一是试验探索阶段（1981—2004 年），1981 年，中国水产科学研究院黄海水产研究所在青岛胶南和烟台蓬莱两地开展人工鱼礁试验，为后期经济型人工鱼礁建设奠定了基础；二是筑基发展阶段（2005—2013 年），以2005 年启动的渔业资源修复行动计划为标志，通过建设人工鱼礁、增殖放流等措施，修复海洋生态环境，养护渔业资源，打造了"9 带 40 群"人工鱼礁区（即在烟台近海、荣成近海等建设 9 大人工鱼礁带，40 个人工鱼礁群），构建了海洋牧场雏形，引导以刺参等高价值水产品开发为方向的经济型人工鱼礁走上自主发展道路；三是创新探索阶段（2014—

2018 年 ），以 2014 年省政府发布实施海上粮仓建设规划为标志，实行海域统一规划，大规模海底造礁和立体生态增养殖，突出人工鱼礁的生态公益性，以人工鱼礁为基础发展休闲渔业，进一步拓展发展空间，为全国人工鱼礁发展打造了样板；四是高质量发展阶段（2019年至今），以 2019 年 1 月省政府印发实施《山东省现代化海洋牧场建设综合试点方案》为标志，根据习近平总书记关于海洋牧场是发展趋势，山东可以搞试点的指示精神，山东省政府向国家发改委和农业农村部提出现代化海洋牧场建设综合试点，积极开展生态型人工鱼礁建设，探索适合不同海域类型的人工鱼礁建设模式，提升海洋牧场绿色发展水平。截至 2021 年底，山东共创建省级以上海洋牧场示范区 129 个，海域面积达 9 万公顷，其中获批国家级海洋牧场示范区 59 个，以 38.6% 的数量占比领跑全国，海洋牧场累计投放石块礁、混凝土构件礁、船礁等人工鱼礁 1900 多万空方。

2005—2010 年，山东印发了《山东省渔业资源修复行动计划人工鱼礁项目管理暂行办法》等系列规范性文件；2012 年，制定了《人工鱼礁建设技术规范》地方标准，对人工鱼礁建设做出明确的技术要求；2013 年，印发了《山东省人工鱼礁管理办法》，规范了人工鱼礁建设与管理；2014 年，发布了《山东省人工鱼礁建设规划（2014—2020）》，强调科学规划，统筹"9 带 40 群"人工鱼礁场整体布局，鼓励和引导生态型人工鱼礁建设，控制经济型人工鱼礁的投放，同年发布了《关于推进海上粮仓建设的实施意见》，实施以增殖放流、人工鱼礁和海藻场建设为主要内容的海洋牧场建设工程，恢复渔业资源，改善海域环境，把海洋牧场打造成为海上粮仓核心区；2016 年，设立"人工鱼礁建造许可"管理事项，将人工鱼礁建设纳入省级行政审批管理；2017 年，颁布《山东省海洋牧场建设规划（2017—2020）》，将人工鱼礁作为海洋牧场的重要基础生产力建设部分做出优化布局，同时发布实施《海洋牧场建设规范》系列地方标准，为山东打造全国现代化海洋牧场示范区和今后海洋牧场科学、规范、有序发展提供有力的支撑和保障。

山东人工鱼礁建设已形成一定规模，生态效益、经济效益和社会效益日益凸显。人工鱼礁的建设，使得投放海域形成了复杂的流场效应，为海中鱼、虾、蟹等海珍品提供充足的饵料。鱼礁本身作为附着基，表面逐渐附着大量贝类、藻类生物，为海洋生物营造适宜栖息的生境，增加了生物多样性和生态系统稳定性，也大大提升了生态固碳能力。同时，可有效遏制底拖网等捕捞作业，保护海洋生态。据调查，人工鱼礁投放 1 年后，礁区海域基础生产力平均提升 11.2%，生物量增长高达 6.7 倍，生物多样性指数最高提升 60.5%。通过投放人工鱼礁，山东近海建设区海域生态环境得到有效改善，刺参、脉红螺、日本蟳、皱纹盘鲍、海胆及鱼类等种类繁多，为人们提供了绿色、安全的海洋水产品。据测算，以休闲海钓为例，其拉动的消费总额是所钓鱼品价值的 53 倍，大大提高了周边渔民的经济收入。通过大力发展人工鱼礁增殖产业，顺利推进了渔船压减和渔民转业工作，得到了广大渔民和渔业企业的一致认可和支持，也增强了公众的海洋环境保护意识，得到社会各界广泛关注。人工鱼礁建设是一项系统工程，对修复海洋渔业资源，调整渔业产业结构，增加水产品供给，促进渔业经济可持续发展具有重要意义，这些在山东人工鱼礁建设中都得到了强有力的印证。

本书是在山东省渔业发展和资源养护总站"山东省资源增殖型人工鱼礁建设效果评价""山东海洋牧场构建三维数字模拟研究""山东半岛近岸海域生态模拟试验"等课题支持下，由中国海洋大学唐衍力教授、山东省渔业发展和资源养护总站孙利元高级工程师、中国海洋大学王欣欣副教授协作完成，编撰期间得到山东大学梁振林教授和姜昭阳教授、中国水产科学研究院黄海水产研究所崔勇副研究员的支持与帮助，同时也得到长岛佳益海珍品发展有限公司等人工鱼礁建设企业的大力支持，在此向支持本书编撰的同仁们表示衷心感谢。

由于编者水平所限，书中难免存有不妥之处，敬请广大读者与专家同仁批评指正。

编著者

2022 年 8 月

目录

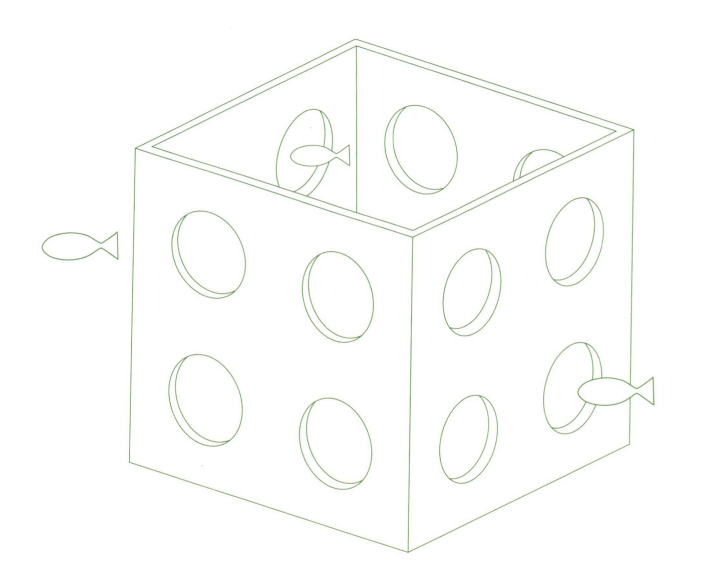

人工鱼礁概述 *1*

人工鱼礁术语

概念	说明
人工鱼礁 Artificial reef	用于修复和优化海域生态环境，建设海洋水生生物生息场的人工设施
单体 Reef monocase	建造人工鱼礁的单个构件
单位鱼礁 Unit reef	由一个或者多个单体鱼礁组成的鱼礁集合
鱼礁群 Reef cluster	单位鱼礁的有序集合
鱼礁带 Reef cingulum	两个或两个以上鱼礁群构成的带状鱼礁群的有序集合
空方体积 Hollow stere	人工鱼礁外部结构几何面轮廓包围的体积，是人工鱼礁的计量单位，单位用 m^3 表示
礁宽 Width /m	鱼礁单体迎流面的最大宽度
礁长 Length /m	鱼礁单体平行于水流的最大长度
中垂面 Central plane	经过礁体中间的与计算域两侧面平行的面
来流速度 Velocity/ (m/s)	鱼礁的迎流速度，即整个计算域的初始速度

人工鱼礁类型

鱼礁类型	材质及规格	图形
单孔方形礁	混凝土：3 m（长）×3 m（宽）×3 m（高） 板厚 150 mm，孔径 1475 mm	
三孔方形礁	混凝土：3 m（长）×3 m（宽）×3 m（高） 板厚 150 mm	
四孔方形礁	混凝土：3 m（长）×3 m（宽）×3 m（高） 板厚 150 mm，孔径 757 mm	
八孔方形礁	混凝土：3 m（长）×3 m（宽）×3 m（高） 板厚 150 mm，孔径 500 mm	
九孔方形礁	混凝土：3 m（长）×3 m（宽）×3 m（高） 板厚 150 mm，孔径 500 mm	
框架 I 型礁	混凝土：3 m（长）×3 m（宽）×3 m（高） 板厚 150 mm	

鱼礁类型	材质及规格	图形
框架Ⅱ型礁	混凝土：3 m（长）×3 m（宽）×3 m（高） 板厚 150 mm	
车叶形礁	混凝土：3 m（长）×3 m（宽）×3 m（高） 板厚 200 mm，孔径 100 ~ 400 mm	
上升流礁	混凝土：3 m（长）×3 m（宽）×3 m（高） 板厚 110 ~ 300 mm，开孔直径 200 ~ 400 mm	
乱流礁	混凝土：3 m（长）×3 m（宽）×3 m（高） 导流板厚 30 mm，框架厚 300 mm	
导流板礁	混凝土：3 m（长）×3 m（宽）×3 m（高） 板厚 300 mm	
船形礁	混凝土：12 m（长）×4 m（宽）×4 m（高） 板厚 160 mm，孔径 350 mm 隔板厚度 100 mm	
圆台形礁	混凝土：3 m（底径）×2.4 m（高） 板厚 150 mm	

鱼礁类型	材质及规格	图形
金字塔礁	混凝土：8 m（长）×8 m（宽）×3.7 m（高）	
梯形框架礁	混凝土：2 m（上底）×3 m（下底）×3 m（高） 板厚 150 mm	
三角形礁	混凝土：4 m（长）×3 m（宽）×2.27 m（高） 板厚 150 mm	
圆柱形礁	混凝土：5.15 m（底径）×3.85 m（高） 板厚 150 mm	
柱形框架礁	混凝土：3 m（底径）×2.5 m（高） 板厚 150 mm	
半球形礁	混凝土：3 m（底径）×1.5 m（高） 板厚 150 mm	
圆拱形礁	混凝土：6 m（长）×6 m（宽）×3 m（高） 板厚 100 mm	

人工鱼礁数值模型构建

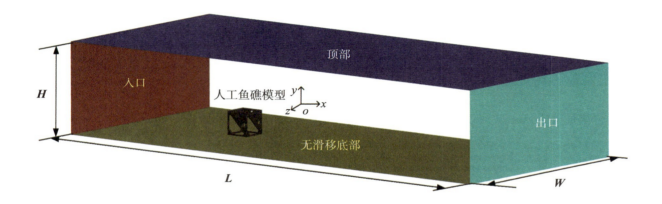

计算域

计算域左侧为入水口，右侧为出水口。在笛卡尔坐标系下，计算域的长度设置为单体礁长的 20～30 倍，人工鱼礁模型放置在计算域的中间，坐标原点设置在礁体的底部中心，距离入口边界 3 倍礁长；模型周围流场的单侧宽度应大于礁体宽度的 2.5 倍，以避免礁体周围流场受到侧壁效应的影响，计算域的宽度设置为礁体宽度的 6～9 倍；计算域的高度设置为单体礁高的 3～5 倍。

人工鱼礁数值模拟网格划分方法

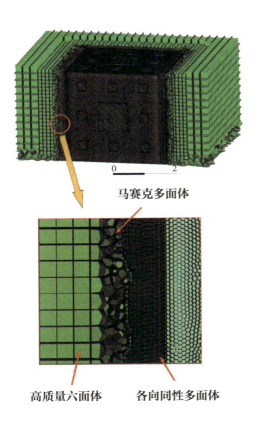

马赛克多面体

高质量六面体　　　　**各向同性多面体**

网格划分

利用"马赛克"技术的 Poly–Hexcore 体网格生成方法，使得六面体网格与多面体网格实现共节点连接，无接触面，不需要额外手动网格设定，从而保证工作完全自动化的状态下，提升网格中六面体的数量，以达到提升求解效率与精度的目的。

（1）使用 Poly–Hexcore 拓扑生成高效、高质量的网格；

（2）自动将马赛克多面体单元网格与任何表面（三角形、四边形、多边形）和体积（六面体、四面体、金字塔、锲形棱镜）元素连接；

（3）马赛克技术利用八叉树六面体元素填充主体区域；

（4）边界层保持高质量的分层各项同性多面体；

（5）利用多边形六面体网格能够减少网格数量提高网格质量和更好的求解性能。

人工鱼礁布局

鱼礁布局说明

d_1：单体礁 1 与单体礁 2 沿 $\boldsymbol{Z}$ 轴方向的横向间距；

d_2：单体礁 3 与单体礁 1、单体礁 2 沿 $\boldsymbol{X}$ 轴方向的纵向间距，且 $d_2 = d_1/2$。

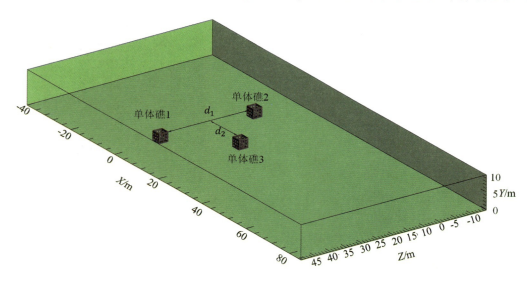

人工鱼礁布局数值模型构建

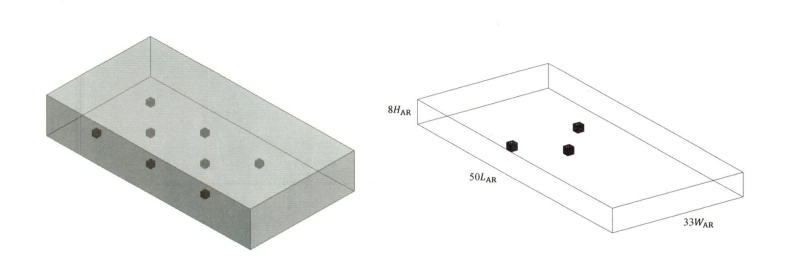

鱼礁布局数值模拟

计算域规格：单体礁规格为长（L_{AR}）×宽（W_{AR}）×高（H_{AR}），布局的计算域为 50 L_{AR} × 33 W_{AR} × 8 H_{AR}，鱼礁计算位置如图所示。计算域前方为入水口，后方为出水口，计算域的上底、下底面和两侧面均为不可滑移壁面边界。

人工鱼礁流场效应

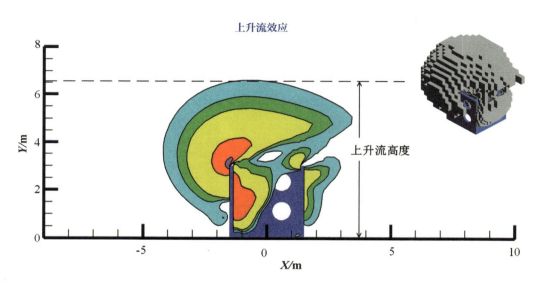

$$R_{up} = \{(x, y, z) \mid u_y > 0.1u_0, (x, y, z) \in 计算域\}, \quad 对流效率指数：V_{up}/V_{AR}$$

水流经过礁体时，由于礁体的阻碍作用，使得部分流体沿着礁体的表面爬升而产生上升流。上升流的产生将海底营养盐带到水域中上层，能够加强各水层垂直水体交换率，形成理想的营养盐转运环境，从而提高海域初级生产力水平，为礁体表面的附着生物和海洋表层水体中的浮游生物提供丰富的营养物质，有利于鱼类摄食、滞留和聚集。这里，将礁体周围水域中垂直水流方向的流速分量（u_y）大于水流初始速度（u_0）的10%的区域定义为上升流区域，对流效率指数为上升流区域的体积（V_{UP}）与礁体空方体积（V_{AR}）的比值。

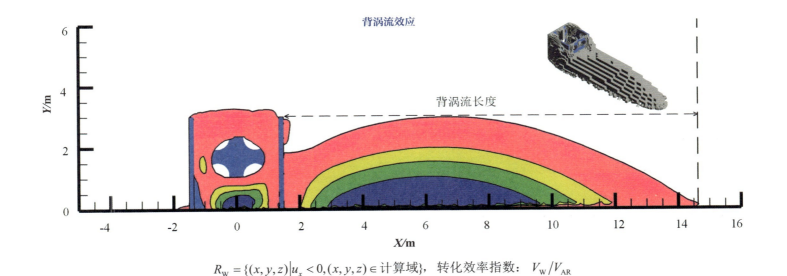

背涡流效应

$$R_{\mathrm{W}} = \{(x, y, z) \big| u_x < 0, (x, y, z) \in 计算域\}, \quad 转化效率指数: \quad V_{\mathrm{W}}/V_{\mathrm{AR}}$$

　　流经礁体的部分流体绕过礁体在其后方形成低流速区域的背涡流，背涡流域流速较缓，尤其是涡心处流速最小。部分恋礁性鱼类喜欢栖息于流速缓慢的背涡流区，以躲避强水流。背涡流还可促成浮游生物、甲壳类和鱼类的物理性聚集。这里，将礁体后方水域中水平流速分量（u_x）与水流方向相反的区域定义为背涡流区域，转化效率指数为背涡流区域的体积（V_{w}）与礁体空方体积（V_{AR}）的比值。

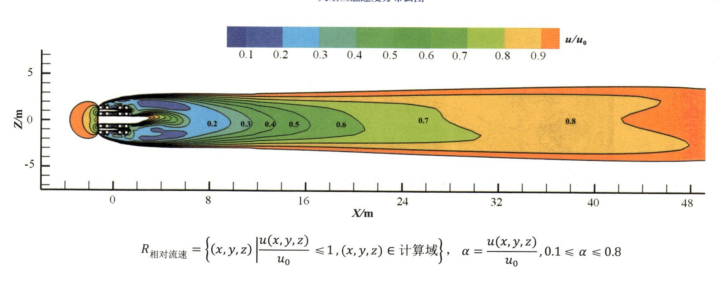

人工鱼礁速度分布云图

$$R_{相对流速} = \left\{ (x, y, z) \,\middle|\, \frac{u(x, y, z)}{u_0} \leqslant 1, (x, y, z) \in 计算域 \right\}, \quad \alpha = \frac{u(x, y, z)}{u_0}, 0.1 \leqslant \alpha \leqslant 0.8$$

在海底设置人工鱼礁，由于发生绕流势必造成礁体周围流场的改变，礁体大小、形状、结构复杂度及来流方式对礁体周围流速的分布有显著的影响。基于计算流体力学建立人工鱼礁流场效应模型，计算人工鱼礁在 **XOY**、**XOZ** 平面相对流速分布范围，研究表明礁体的规模、形状和空间结构是影响流场分布的主要因素。对于多个鱼礁形成的礁区，礁体间不同的间距对背涡流的影响范围亦有显著的影响。

人工鱼礁类型 2

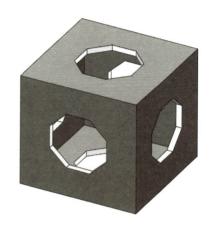

单孔方形礁

1. 主尺度	3 m × 3 m × 3 m	6. 上升流体积 /m^3	69.09
2. 表面积 /m^2	80.54	7. 背涡流体积 /m^3	37.50
3. 空方体积 /m^3	27.00	8. 对流效率指数	2.56
4. 混凝土体积 /m^3	5.70	9. 转化效率指数	1.39
5. 礁体质量 /t	13.67	10. 无交错间距	5 倍

主尺度：长（3 m）× 宽（3 m）× 高（3 m），壁厚 0.15 m。

适宜水深：10 ~ 25 m。

结构特点：属于方形六面体集鱼礁，在礁体的 6 个面均有八边形开孔，开孔大小及开孔形状可以根据鱼类的特征进行调整，礁体内镂空结构具有较好的透水性，有利于水流循环和对流，方便鱼穿梭游弋。礁体结构较大的表面积，有利于海洋生物的附着与生长，为恋礁性鱼类的仔（稚）鱼提供良好的索饵、繁殖、生长和庇护的栖息空间。

单体礁流场分布云图——*XOY*平面

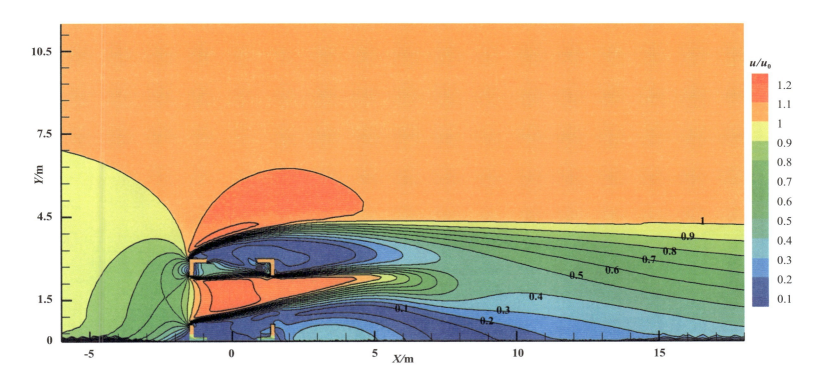

　　单体鱼礁流场特点：均匀来流的情况下，3 m 高的单孔方形礁体具有较好的流场性能，其上升流高度为 5.68 m，上升流体积为 69.09 m³，上升流对流效率指数为 2.56。

单体礁流场分布云图——*XOZ*平面

　　3 m 宽的单孔方形礁的背涡流长度为 3.57 m，背涡流体积为 37.50 m³，转化效率指数为 1.39。由于礁体的阻流效应，当等流速线所覆盖区域流速小于来流速度的 70% 时，单孔方形礁阻流的影响范围约为礁长的 10 倍。

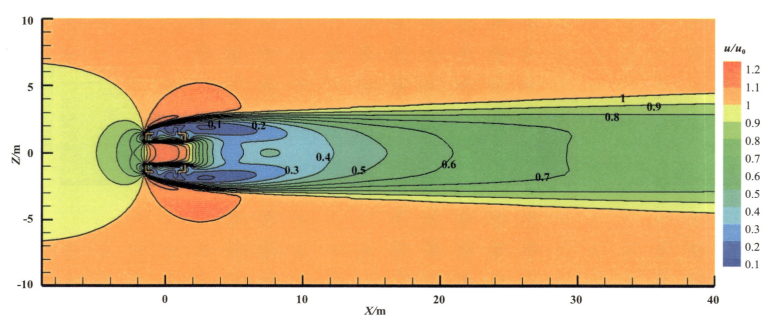

礁体布局流场分布云图——*XOZ*平面

布局流场特点：礁体之间相互影响随着间距的增大而减小，当礁体横向间距大于5倍的礁长后，鱼礁之间相互影响较小。

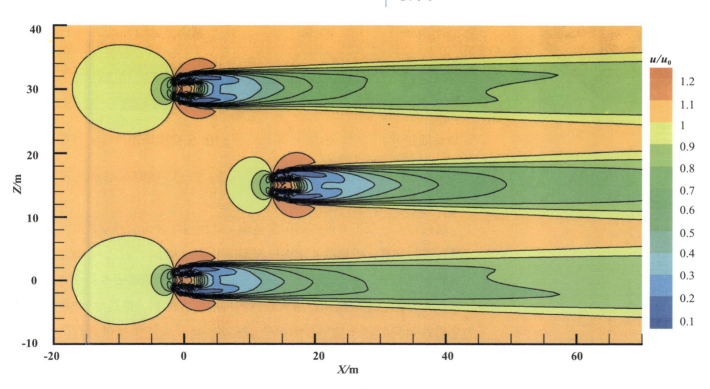

三孔方形礁

1. 主尺度	3 m × 3 m × 3 m	6. 上升流体积 /m³	22.58
2. 表面积 /m²	47.56	7. 背涡流体积 /m³	13.98
3. 空方体积 /m³	27.00	8. 对流效率指数	0.84
4. 混凝土体积 /m³	2.79	9. 转化效率指数	0.52
5. 礁体质量 /t	6.97	10. 无交错间距	5 倍

主尺度：长（3 m）× 宽（3 m）× 高（3 m），壁厚 0.15 m。

适宜水深：10 ~ 25 m。

结构特点：属于方形四面体集鱼礁，结构内部较大的透空性有利于水流的对流与交换，礁体的 4 个面设有不同形状和大小的开孔，方便不同大小的鱼穿梭游弋。三孔方形礁可以在海底堆积投放，能够形成许多连通空隙，扩大礁体包络表面积，增大礁体的可用空方体积，提高空间利用率，为恋礁性鱼类的仔（稚）鱼的繁殖、索饵、生长及庇护提供适宜的栖息空间。

单体礁流场分布云图——*XOY*平面

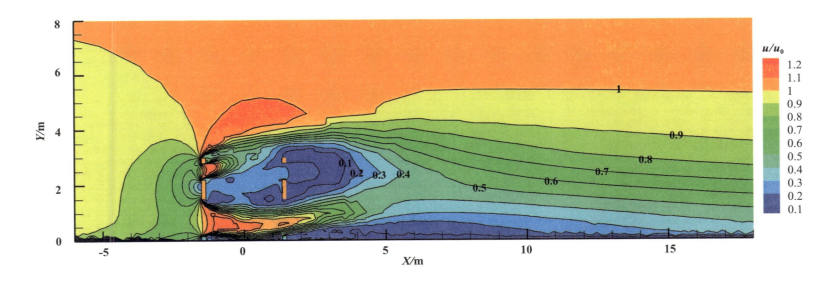

单体鱼礁流场特点：均匀来流的情况下，3 m 高的三孔方形礁的流场性能一般，其上升流高度为 5.28 m，上升流体积为 22.58 m³，上升流对流效率指数为 0.84。

单体礁流场分布云图——*XOZ*平面

　　单体鱼礁流场特点：3 m 宽的三孔方形礁的背涡流长度为 3.21 m，背涡流体积为 13.98 m^3，转化效率指数为 0.52。由于礁体的阻流效应，当等流速线所覆盖区域流速小于来流速度的 70% 时，三孔方形礁阻流的影响范围约为礁长的 12 倍。

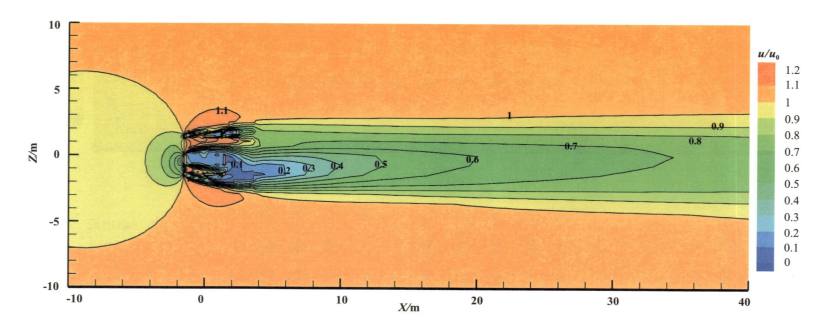

礁体布局流场分布云图——*XOZ*平面

布局流场特点：礁体之间相互作用随着间距的增大而减小，当礁体间横向间距大于 5 倍的礁长后，鱼礁之间相互作用较小。

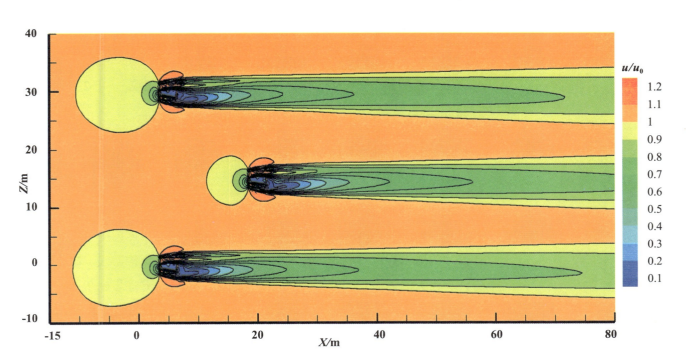

四孔方形礁

1. 主尺度	3 m × 3 m × 3 m	6. 上升流体积 /m³	97.31
2. 表面积 /m²	63.13	7. 背涡流体积 /m³	74.41
3. 空方体积 /m³	27.00	8. 对流效率指数	3.60
4. 混凝土体积 /m³	4.45	9. 转化效率指数	2.76
5. 礁体质量 /t	10.68	10. 无交错间距	5 倍

主尺度：长（3 m）× 宽（3 m）× 高（3 m），壁厚 0.15 m。

适宜水深：10 ~ 25 m。

结构特点：属于方形四面体集鱼礁，礁体的 4 个面对称开设 4 个圆孔，开孔形状、大小及数量可以根据鱼的特征进行调整。礁体内中空结构具有较好的透水性，有利于水流的对流与交换，方便鱼穿梭游弋。礁体结构具有较大的表面积，有利于提高附着生物量，促进海洋生物生长，为恋礁性鱼类的仔（稚）鱼提供良好的索饵、繁殖、生长和庇护的栖息环境。

单体礁流场分布云图——*XOY*平面

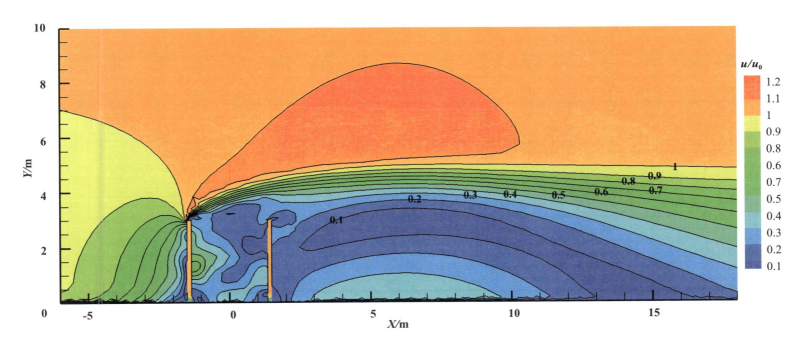

单体鱼礁流场特点：均匀来流的情况下，3 m 高的四孔方形礁体具有比较好的流场效应，上升流高度为 6.44 m，上升流体积为 97.31 m³，上升流对流效率指数为 3.60。

单体礁流场分布云图——*XOZ*平面

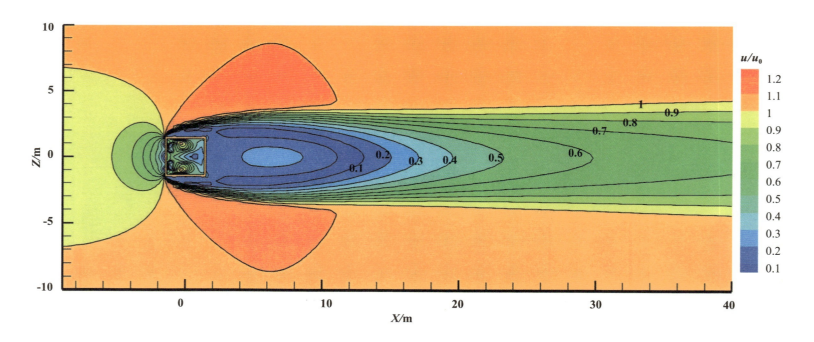

　　单体鱼礁流场特点：3 m 宽的四孔方形礁体的背涡流长度为 12.52 m，背涡流体积为 74.41 m³，转化效率指数为 2.76。由于礁体的阻流效应，当等流速线所覆盖区域流速小于来流速度的 70% 时，四孔方形礁阻流的影响范围约为礁长的 15 倍。

礁体布局流场分布云图——*XOZ*平面

> 布局流场特点：礁体之间相互作用随着间距的增大而减小，当礁体间横向间距大于 5 倍的礁长后，鱼礁之间相互作用较小。

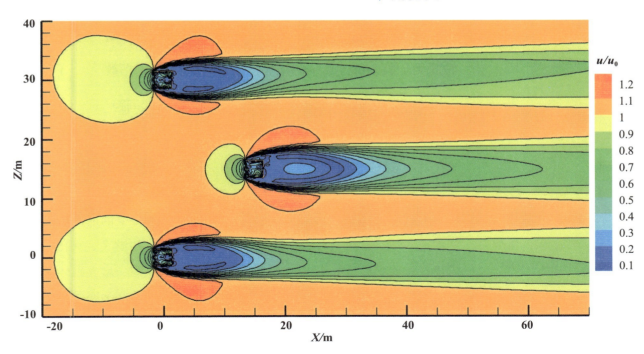

八孔方形礁

1. 主尺度	3 m × 3 m × 3 m	6. 上升流体积 /m³	47.54
2. 表面积 /m²	63.20	7. 背涡流体积 /m³	29.03
3. 空方体积 /m³	27.00	8. 对流效率指数	1.76
4. 混凝土体积 /m³	4.00	9. 转化效率指数	1.08
5. 礁体质量 /t	9.61	10. 无交错间距	5 倍

主尺度：长（3 m）× 宽（3 m）× 高（3 m），壁厚 0.15 m。

适宜水深：10 ~ 25 m。

结构特点：属于方形四面体集鱼礁，在礁体的 4 个面对称开设 6 个圆孔和 2 个矩形孔，底部的矩形孔有利于防冲刷。中空的内部结构有较好的透水性，有利于水流的对流与循环，方便鱼穿梭游弋。八孔方形礁可以在海底单层或堆积投放，能够形成许多连通空隙，增大礁体的空方体积，能够为幼鱼及小个体鱼类提供较大的栖息空间，为恋礁性鱼类提供繁殖、索饵、生长和庇护的栖息环境。

单体礁流场分布云图——*XOY*平面

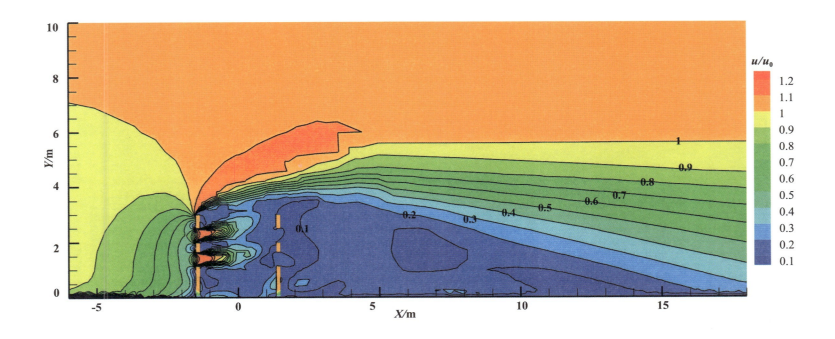

单体鱼礁流场特点：均匀来流的情况下，3 m 高的八孔方形礁体具有较好的上升流效应，其上升流高度为 6.00 m，上升流体积为 47.54 m³，上升流对流效率指数为 1.76。

单体礁流场分布云图——*XOZ*平面

　　单体鱼礁流场特点：3 m 宽的八孔方形礁体的背涡流长度为 10.96 m，背涡流体积为 29.03 m³，转化效率指数为 1.08。由于礁体的阻流效应，当等流速线所覆盖区域流速小于来流速度的 70% 时，八孔方形礁阻流的影响范围约为礁长的 14 倍。

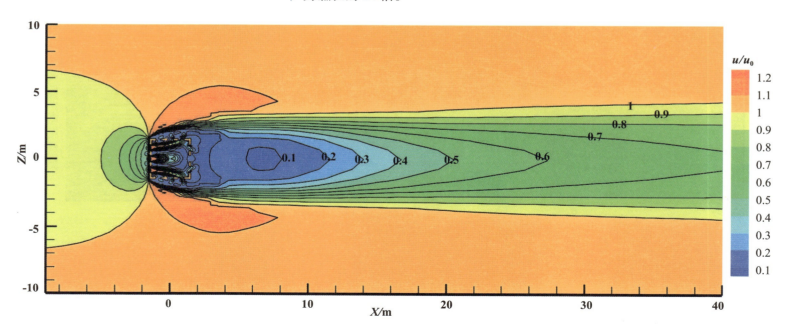

礁体布局流场分布云图——*XOZ*平面

布局流场特点：礁体之间相互作用随着间距的增大而减小，当礁体间横向间距大于5倍的礁长后，鱼礁之间相互作用较小，可以忽略。

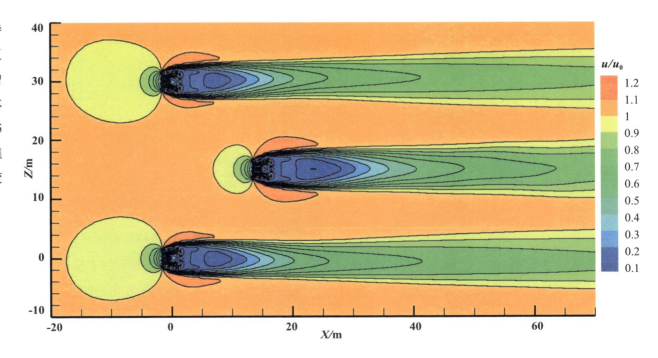

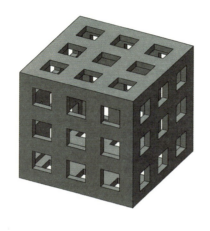

九孔方形礁

1. 主尺度	3 m × 3 m × 3 m	6. 上升流体积 /m³	67.63
2. 表面积 /m²	86.94	7. 背涡流体积 /m³	48.74
3. 空方体积 /m³	27.00	8. 对流效率指数	2.51
4. 混凝土体积 /m³	5.29	9. 转化效率指数	1.81
5. 礁体质量 /t	13.23	10. 无交错间距	6 倍

主尺度：长（3 m）× 宽（3 m）× 高（3 m），壁厚 0.15 m。

适宜水深：10 ～ 25 m。

结构特点：属于方形六面体集鱼礁，礁体 6 个面对称开设 9 个方形孔，中空的内部结构使得单体礁具有较好的透水性，有利于水流的对流与交换，方便鱼穿梭游弋。表面开孔数量多使得礁体具有较好的上升流效应，外部较大的附着面积，有利于海洋生物的附着与生长，具有产卵育幼礁功能，为恋礁性鱼类提供繁殖、索饵、生长和庇护的栖息环境。

单体礁流场分布云图——*XOY*平面

　　单体鱼礁流场特点：均匀来流的情况下，3 m 高的九孔方形礁体具有较好的上升流效应，其上升流高度为 6.00 m，上升流体积为 67.63 m³，上升流对流效率指数为 2.51。

单体礁流场分布云图——*XOZ平面*

　　单体鱼礁流场特点：3 m 宽的九孔方形礁体的背涡流长度为 11.77 m，背涡流体积为 48.74 m³，转化效率指数为 1.81。由于礁体的阻流效应，当等流速线所覆盖区域流速小于来流速度的 70% 时，九孔方形礁阻流的影响范围约为礁长的 11 倍。

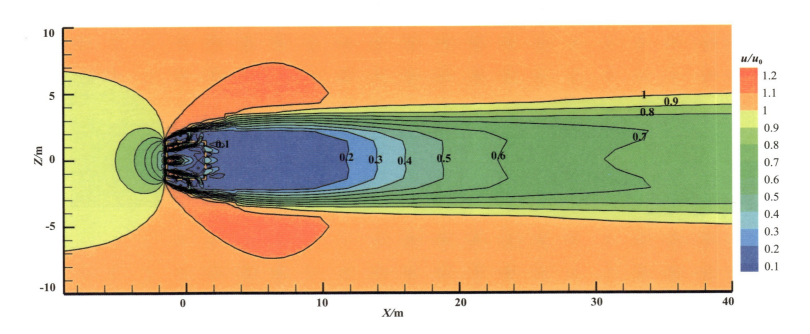

礁体布局流场分布云图——*XOZ*平面

布局流场特点：礁体之间相互作用随着间距的增大而减小，当礁体间横向间距大于 6 倍的礁长后，鱼礁之间相互作用较小。

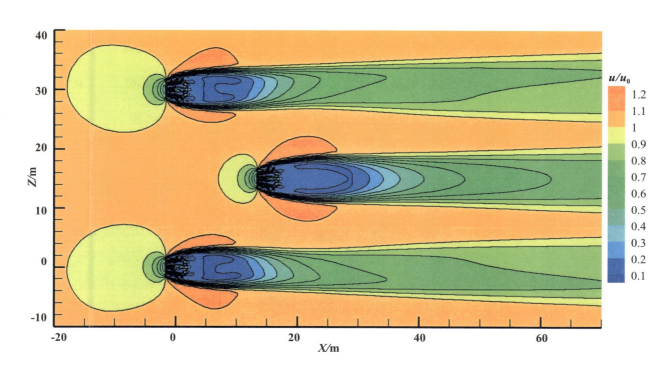

框架Ⅰ型礁

1. 主尺度	3 m × 3 m × 3 m	6. 上升流体积 /m³	8.64
2. 表面积 /m²	33.11	7. 背涡流体积 /m³	4.69
3. 空方体积 /m³	27.00	8. 对流效率指数	0.32
4. 混凝土体积 /m³	2.28	9. 转化效率指数	0.17
5. 礁体质量 /t	5.71	10. 无交错间距	4 倍

主尺度：长（3 m）× 宽（3 m）× 高（3 m），壁厚 0.15 m。

适宜水深：10 ~ 25 m。

结构特点：属于方形框架型集鱼礁，礁体 6 个面均开设八边形孔，开孔比大。单位体积的混凝土形成的空方体积大，但礁体的表面积小。结构内部空间较大，较大的透空性有利于水流的对流与交换，方便鱼穿梭游弋。方形框架礁体建议在海底堆积投放，能够形成许多连通空隙，增大礁体的实际可用空方体积，为恋礁性鱼类的仔（稚）鱼的栖息、生长、庇护提供安全场所。

单体礁流场分布云图——*XOY*平面

单体鱼礁流场特点：均匀来流的情况下，3 m 高的方形框架礁流场性能较弱，对周围流场影响较小，其上升流高度为 4.21 m，上升流体积为 8.64 m³，上升流对流效率指数为 0.32。

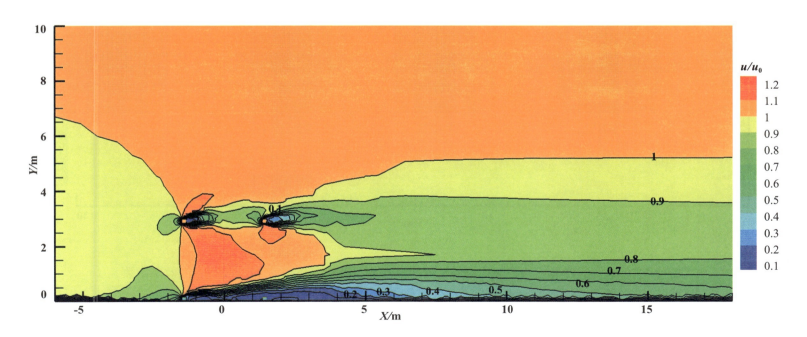

单体礁流场分布云图——*XOZ*平面

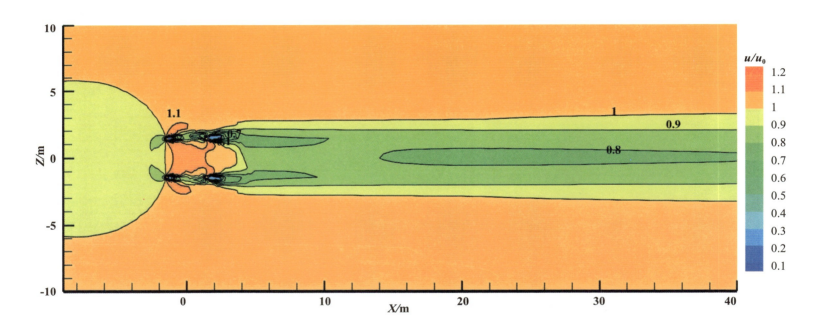

单体礁流场特点：3 m 宽的方形框架礁的背涡流长度为 1.77 m，背涡流体积为 4.69 m³，转化效率指数为 0.17。由于礁体的阻流效应，当等流速线所覆盖区域流速小于来流速度的 70% 时，框架 I 型礁阻流作用的影响范围约为礁长的 3 倍。

礁体布局流场分布云图——*XOZ*平面

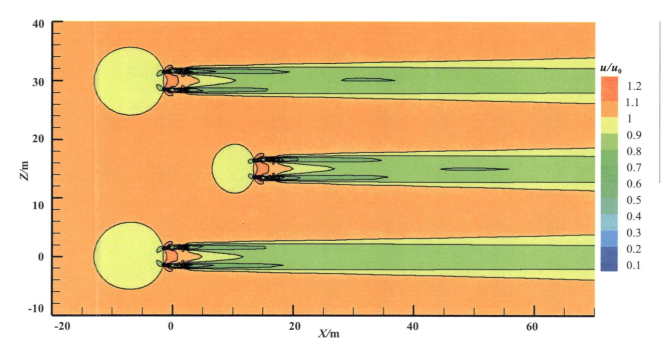

布局流场特点：礁体之间相互作用随着间距的增大而减小，当礁体间横向间距大于4倍的礁长后，鱼礁之间相互作用较小。

框架 Ⅱ 型礁

1. 主尺度	3 m × 3 m × 3 m	6. 上升流体积 /m³	8.40
2. 表面积 /m²	36.7	7. 背涡流体积 /m³	4.29
3. 空方体积 /m³	27.00	8. 对流效率指数	0.31
4. 混凝土体积 /m³	2.81	9. 转化效率指数	0.16
5. 礁体质量 /t	7.02	10. 无交错间距	4.5 倍

主尺度：长（3 m）× 宽（3 m）× 高（3 m），壁厚 0.15 m。

适宜水深：10 ~ 25 m。

结构特点：属于框架型集鱼礁，结构简单，易于制作。单位体积的混凝土形成的空方体积大，但礁体的表面积小，其内部空间较大，较大的透空性有利于水流的对流与交换，方便鱼穿梭游弋。方形框架礁体建议在海底堆积投放，能够形成许多连通空隙，增大礁体的实际可用空方体积，为恋礁性鱼类的仔（稚）鱼的栖息、生长、庇护提供安全场所。

单体礁流场分布云图——*XOY*平面

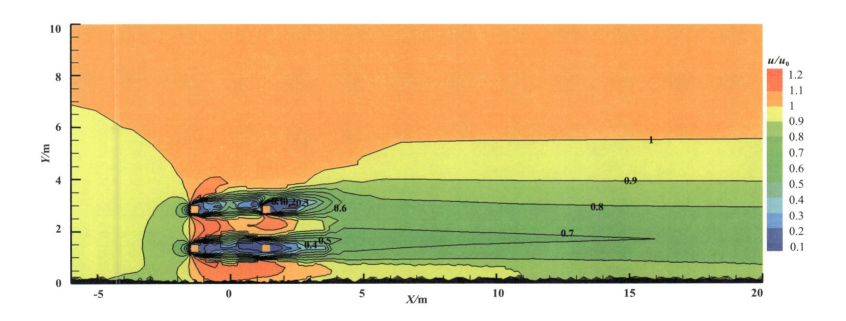

单体鱼礁流场特点：均匀来流的情况下，3 m 高的框架型礁流场性能较弱，对周围流场影响较小，其上升流高度为 4.21 m，上升流体积为 8.40 m³，上升流对流效率指数为 0.31。

单体礁流场分布云图——*XOZ平面*

　　单体鱼礁流场特点：3 m 宽的方形框架礁的背涡流长度为 0.77 m，背涡流体积为 4.29 m³，转化效率指数为 0.16。由于礁体的阻流效应，当等流速线所覆盖区域流速小于来流速度的 70% 时，框架Ⅱ型礁阻流的影响范围约为礁长的 4 倍。

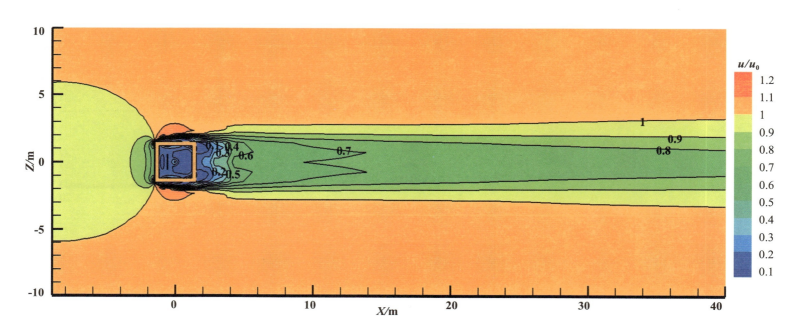

礁体布局流场分布云图——*XOZ*平面

布局流场特点：礁体之间相互作用随着间距的增大而减小，当礁体间横向间距大于 4.5 倍的礁长后，鱼礁之间相互作用较小。

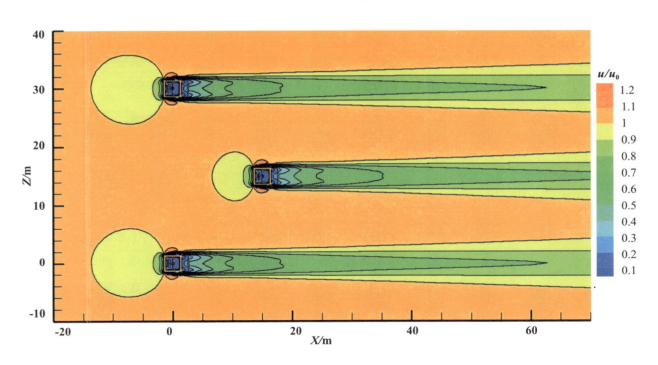

车叶形礁

1. 主尺度	3 m × 3 m × 3 m	6. 上升流体积 /m³	51.77
2. 表面积 /m²	78.46	7. 背涡流体积 /m³	21.20
3. 空方体积 /m³	27.00	8. 对流效率指数	1.92
4. 混凝土体积 /m³	6.90	9. 转化效率指数	0.79
5. 礁体质量 /t	16.56	10. 无交错间距	6 倍

主尺度：长（3 m）× 宽（3 m）× 高（3 m），壁厚 0.15 m。

适宜水深：10 ~ 25 m。

结构特点：属于生态增殖型鱼礁。固定于底座上的 L 形垂直交错结构，稳定性强；礁体表面孔洞较多，通透性好，有利于水流交换和鱼穿梭游弋。建议单独投放，能够有效改善海域的流场环境，礁体外部表面积较大，有利于藻类和贝类的附着，吸引恋礁性鱼类在此栖息、滞留和自由穿梭。

单体礁流场分布云图——*XOY*平面

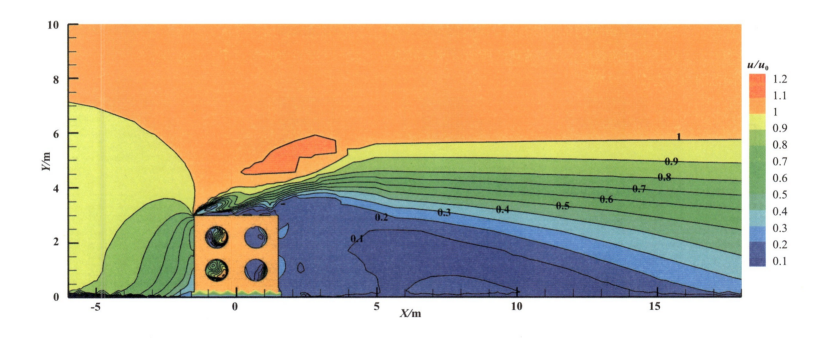

单体鱼礁流场特点：均匀来流的情况下，3 m高的车叶型增殖礁流场性能较好，其上升流高度为5.28 m，上升流体积为51.77 m³，上升流对流效率指数为1.92。

单体礁流场分布云图——*XOZ*平面

单体鱼礁流场特点：3 m 宽的车叶形礁的背涡流长度为 10.49 m，背涡流体积为 21.20 m^3，转化效率指数为 0.79。由于礁体的阻流效应，当等流速线所覆盖区域流速小于来流速度的 70% 时，车叶形礁阻流作用的影响范围约为礁长的 17 倍。

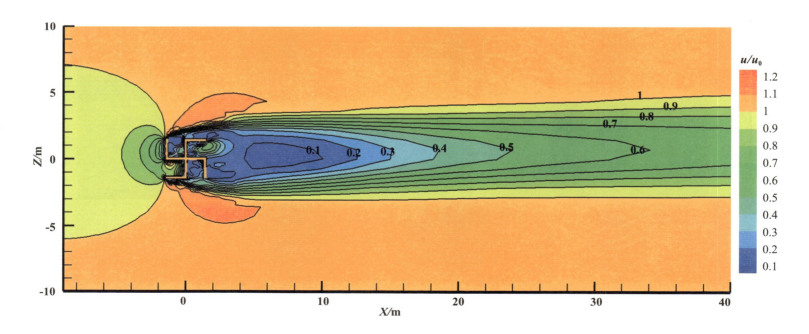

礁体布局流场分布云图——*XOZ*平面

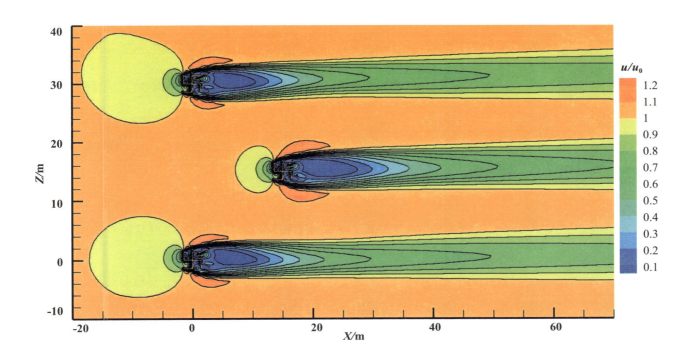

> 布局流场特点：礁体之间相互作用随着间距的增大而减小，当礁体间横向间距大于6倍的礁长后，鱼礁之间相互作用可以忽略。

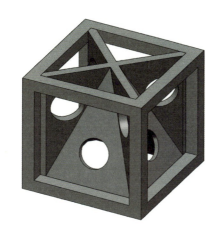

上升流礁

1. 主尺度	3 m × 3 m × 3 m	6. 上升流体积 /m³	90.60
2. 表面积 /m²	80.30	7. 背涡流体积 /m³	54.59
3. 空方体积 /m³	27.00	8. 对流效率指数	3.36
4. 混凝土体积 /m³	5.90	9. 转化效率指数	2.02
5. 礁体质量 /t	14.16	10. 无交错间距	6 倍

主尺度：长（3 m）× 宽（3 m）× 高（3 m），壁厚 0.15 m。

适宜水深：10 ～ 25 m。

结构特点：属于环境改善型鱼礁。礁体内部等腰三角形板形成的空间结构可产生真空吸附作用，防止鱼礁的沉陷；三角板内部结构可为头足类及营巢性鱼类提供栖息场所。建议单独投放，能够有效改善礁体周围流场环境，形成较好的上升流，有利于增加底层水体溶解氧含量；礁体外部表面积较大，有利于藻类和贝类的附着，吸引恋礁性鱼类在此栖息、滞留和自由穿梭。

单体礁流场分布云图——*XOY*平面

> 单体鱼礁流场特点：均匀来流的情况下，3 m 高的上升流礁流场性能显著，其上升流高度为 6.00 m，上升流体积为 90.60 m³，上升流对流效率指数为 3.36。

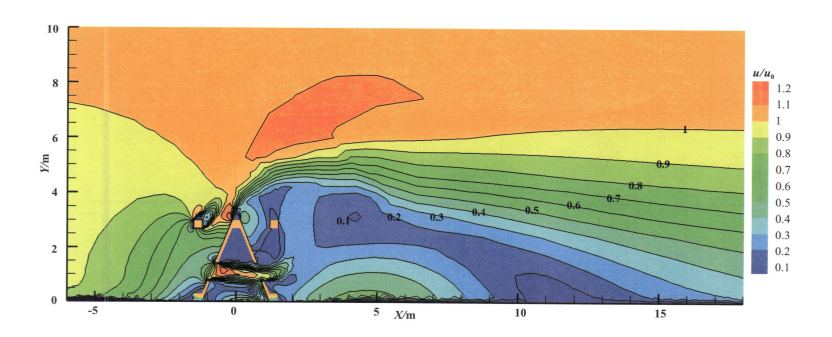

单体礁流场分布云图——*XOZ*平面

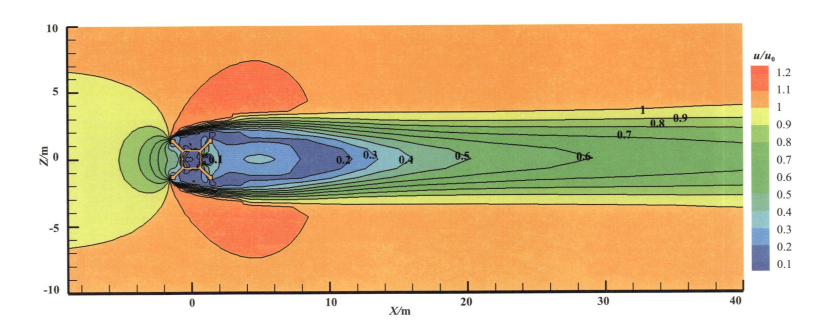

　　单体鱼礁流场特点：3m 宽的上升流礁的背涡流长度为 9.77 m，背涡流体积为 54.59 m^3，转化效率指数为 2.02。由于礁体的阻流效应，当等流速线所覆盖区域流速小于来流速度的 70% 时，上升流礁阻流作用的影响范围约为礁长的 14 倍。

礁体布局流场分布云图——*XOZ*平面

布局流场特点：礁体之间相互作用随着间距的增大而减小，当礁体间横向间距大于6倍的礁长后，鱼礁之间相互作用可以忽略。

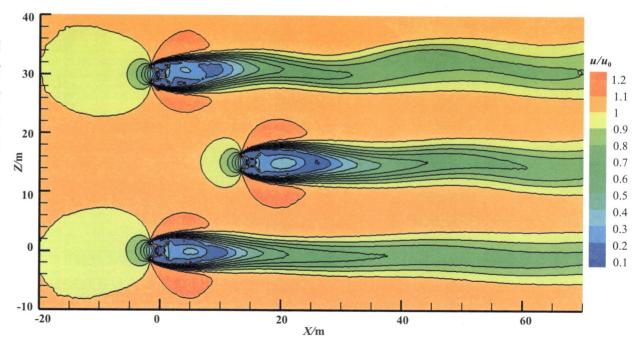

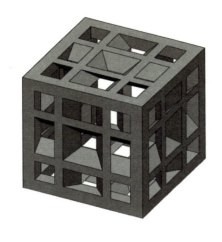

乱流礁

1. 主尺度	3 m × 3 m × 3 m	6. 上升流体积 /m³	57.88
2. 表面积 /m²	83.3	7. 背涡流体积 /m³	39.77
3. 空方体积 /m³	27.0	8. 对流效率指数	2.14
4. 混凝土体积 /m³	3.80	9. 转化效率指数	1.47
5. 礁体质量 /t	9.1	10. 无交错间距	6 倍

主尺度：长（3 m）× 宽（3 m）× 高（3 m），壁厚 0.15 m。

适宜水深：10 ~ 25 m。

结构特点：属于环境改善型鱼礁，在方形框架的各个侧面内设置一组由 4 个导流板组成的"井"字形组合，礁体底部的开孔有利于防冲刷。导流板使得水流绕经礁体时，能更好地在礁体内部及周围形成紊乱、复杂的流场，且在礁体的上方形成较好的上升流，增强鱼类的聚集效果，改善底播增殖经济品种的栖息环境。

单体礁流场分布云图——*XOY*平面

单体鱼礁流场特点：均匀来流的情况下，3 m 高的上升流礁流场性能显著，其上升流高度为 6.00 m，上升流体积为 57.88 m³，上升流对流效率指数为 2.14。

单体礁流场分布云图——*XOZ* 平面

单体鱼礁流场特点：3 m 宽的上升流礁的背涡流长度为 11.82 m，背涡流体积为 39.77 m³，转化效率指数为 1.47。由于礁体的阻流效应，当等流速线所覆盖区域流速小于来流速度的 70% 时，上升流礁阻流作用的影响范围约为礁长的 11.5 倍。

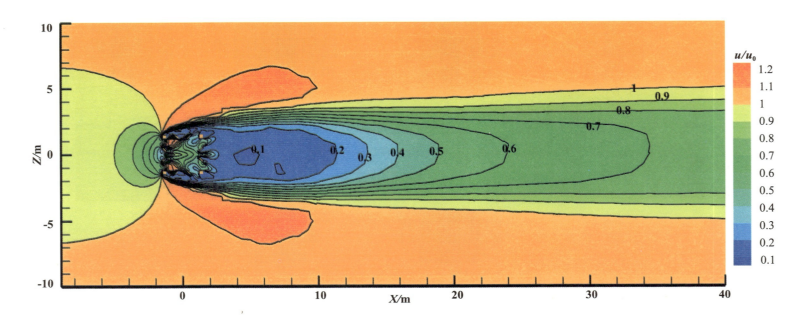

礁体布局流场分布云图——*XOZ*平面

布局流场特点：礁体之间相互作用随着间距的增大而减小，当礁体间横向间距大于 6 倍的礁长后，鱼礁之间相互作用可以忽略。

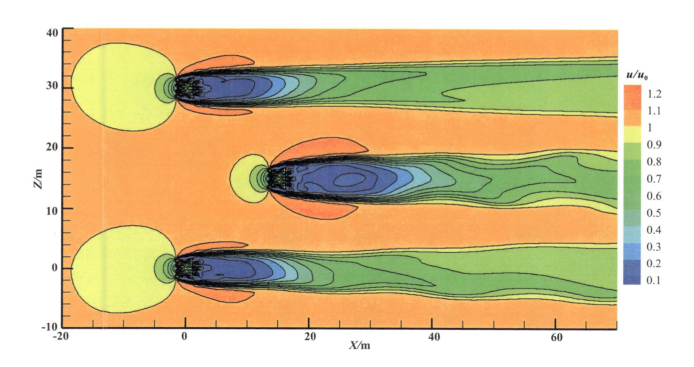

导流板礁

1. 主尺度	3 m×3 m×3 m	6. 上升流体积 /m³	58.87
2. 表面积 /m²	63.41	7. 背涡流体积 /m³	39.77
3. 空方体积 /m³	27.00	8. 对流效率指数	2.18
4. 混凝土体积 /m³	3.10	9. 转化效率指数	1.47
5. 礁体质量 /t	7.44	10. 无交错间距	4.5 倍

主尺度：长（3 m）×宽（3 m）×高（3 m），壁厚 0.15 m。

适宜水深：10 ～ 25 m。

结构特点：属于环境改善型鱼礁，在方形框架的各个侧面内对称放置 2 个导流板，结构简单，易制作，导流板的方向及大小可以根据实际海域及海洋底栖生物的特征进行调整。导流板使得水流绕经礁体时，能更好地在礁体内部及周围形成复杂的流场，底侧分流减少泥沙堆积，具有防冲刷功能。礁体的上方能产生较好的上升流，增强鱼类的聚集效果，改善底播增殖经济品种的栖息环境。

单体礁流场分布云图——*XOY*平面

单体鱼礁流场特点：均匀来流的情况下，3 m 高的上升流礁流场性能显著，其上升流高度为 6.00 m，上升流体积为 58.87 m³，上升流对流效率指数为 2.18。

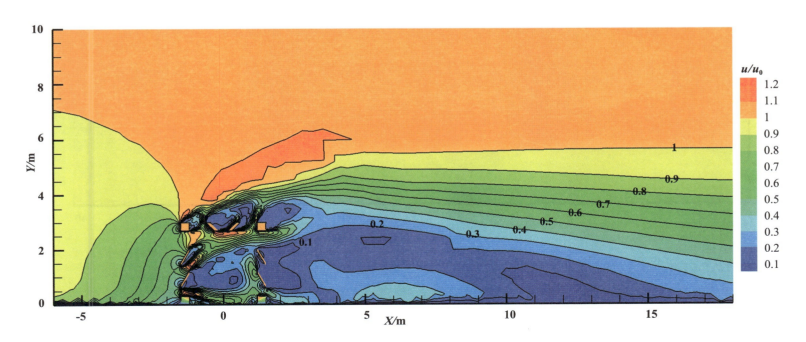

单体礁流场分布云图——*XOZ*平面

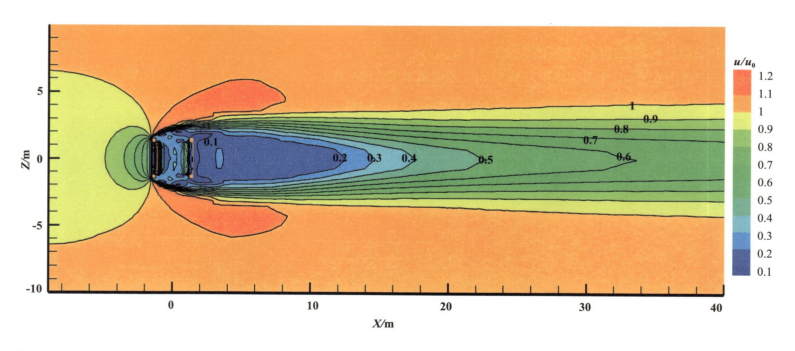

　　单体鱼礁流场特点：3 m 宽的导流板礁的背涡流长度为 10.52 m，背涡流体积为 39.77 m³，转化效率指数为 1.47。由于礁体的阻流效应，当等流速线所覆盖区域流速小于来流速度的 70% 时，导流板礁阻流作用的影响范围约为礁长的 11.5 倍。

礁体布局流场分布云图——*XOZ*平面

布局流场特点：礁体之间相互作用随着间距的增大而减小，当礁体间横向间距大于 4.5 倍的礁长后，鱼礁之间相互作用可以忽略。

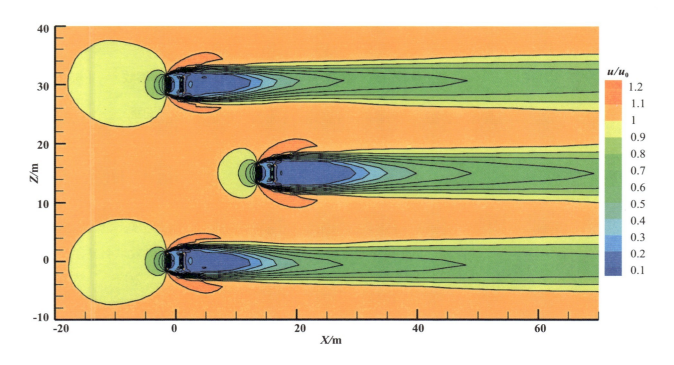

船形礁

1. 主尺度	12 m×4 m×4 m	6. 上升流体积 /m³	1902
2. 表面积 /m²	269.20	7. 背涡流体积 /m³	1241
3. 空方体积 /m³	192.00	8. 对流效率指数	9.91
4. 混凝土体积 /m³	25.00	9. 转化效率指数	6.46
5. 礁体质量 /t	60.00	10. 无交错间距	–

主尺度：长（12 m）× 宽（4 m）× 高（4 m），壁厚 0.15 m。

适宜水深：15 ～ 30 m。

结构特点：属于资源养护型人工鱼礁。在礁体四面及中间隔板上均设有开孔，船形礁内部设置的隔断，既能增加礁体结构强度，也能提高空间复杂度。单个礁体空方体积大，表面积也大，诱集鱼类效果明显，适宜投放到较深水域。船形礁规模较大，能够产生较好的流态效应，且结构空间较大，产生阴影效应，具有较好的遮蔽性，为恋礁性鱼类的栖息、生长、繁育提供安全场所。

单体礁流场分布云图——*XOY*平面

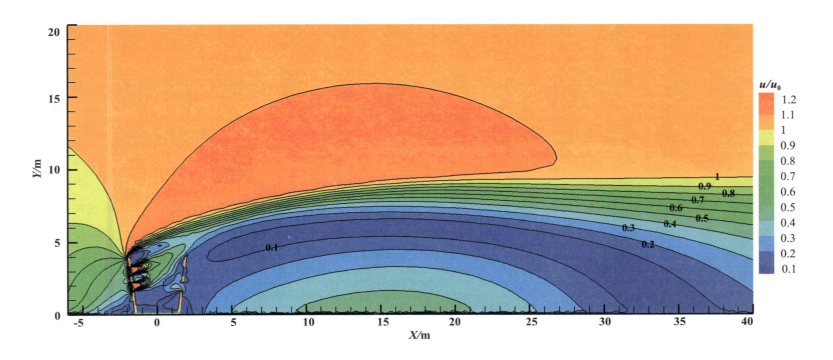

　　单体鱼礁流场特点：均匀来流的情况下，4 m 高、12 m 长的船形礁流场性能显著，较大的迎流面产生了非常好的上升流，其上升流高度为 14.09 m，上升流体积为 1902 m³，上升流对流效率指数为 9.91。

单体礁流场分布云图——*XOZ* 平面

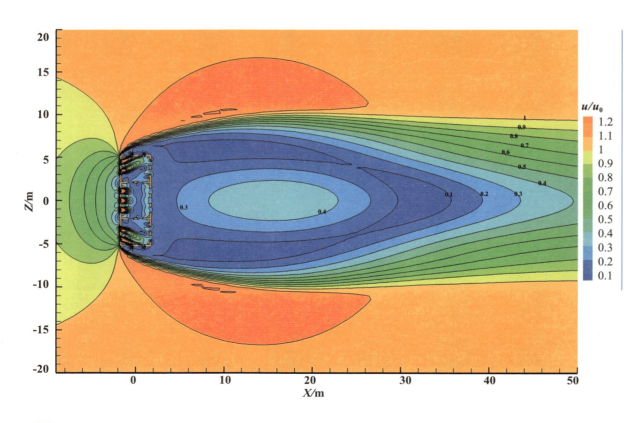

单体鱼礁流场特点：均匀来流的情况下，4 m 宽的船形礁背涡流长度为 34.87 m，背涡流体积为 1241 m^3，转化效率指数为 6.46。由于礁体的规模较大，产生了较好的阻流效应，当等流速线所覆盖区域流速小于来流速度的 70% 时，船形礁阻流的影响范围约为礁宽的 25 倍。

礁体布局流场分布云图——*XOZ*平面

布局流场特点：船形
礁规模较大，可以作为单
体礁单元进行投放。

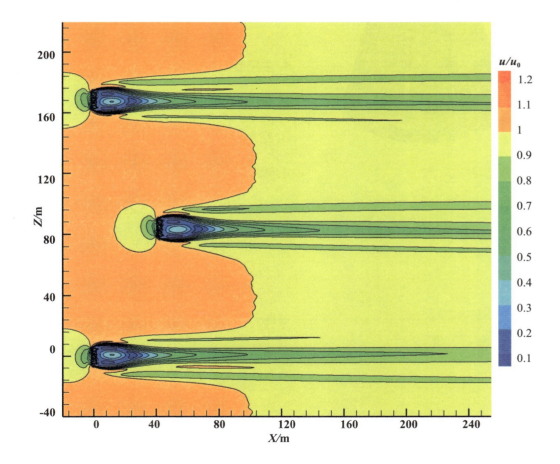

圆台形礁

1. 主尺度	3 m（底径）×2.4 m	6. 上升流体积 /m³	20.2
2. 表面积 /m²	34.50	7. 背涡流体积 /m³	14.79
3. 空方体积 /m³	9.90	8. 对流效率指数	2.05
4. 混凝土体积 /m³	2.08	9. 转化效率指数	1.50
5. 礁体质量 /t	5.21	10. 无交错间距	4 倍

主尺度：底径（3 m）× 高（2.4 m），壁厚 0.15 m。

适宜水深：10 ~ 25 m。

结构特点：属于环境改善型人工鱼礁。圆台形构造使得礁体具有较好的稳定性，形状上选取了最优的圆台坡度，最大限度地提高礁体的上升流与背涡流的流场性能和流态复杂性，促进水体交换的同时，满足不同恋礁性鱼类对流场分布区域的要求，礁体适宜投放在流速较缓、缺氧的海域。

单体礁流场分布云图——*XOY*平面

单体鱼礁流场特点：均匀来流的情况下，2.4 m 高圆台形礁流场性能较好，其上升流高度为 4.18 m，上升流体积为 20.20 m³，上升流对流效率指数为 2.05。

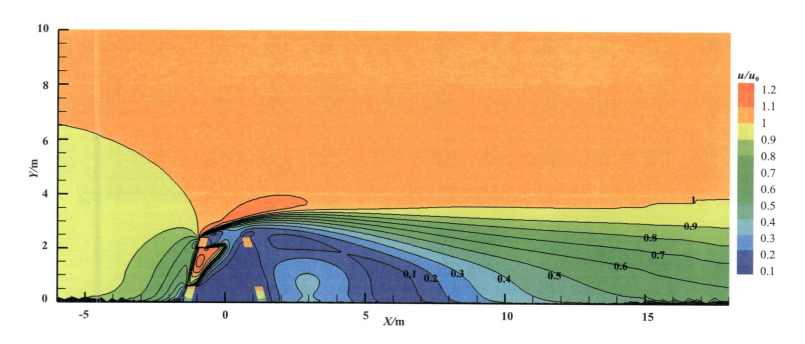

单体礁流场分布云图——*XOZ*平面

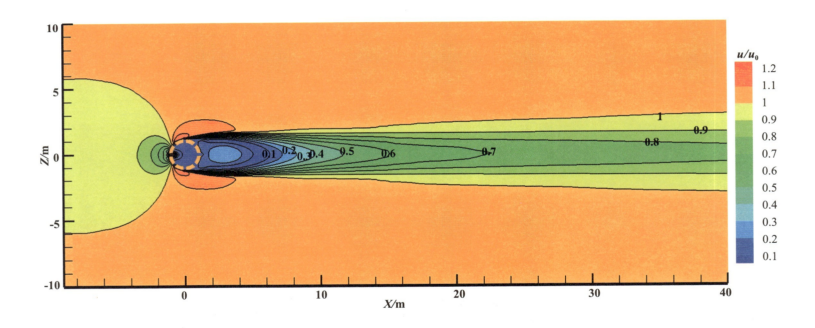

　　单体鱼礁流场特点：均匀来流的情况下，3 m 直径的圆台形礁的背涡流长度为 6.37 m，背涡流体积为 14.79 m³，转化效率指数为 1.50。当等流速线所覆盖区域流速小于来流速度的 70% 时，圆台形礁阻流作用的影响范围约为礁宽的 8 倍。

礁体布局流场分布云图——*XOZ*平面

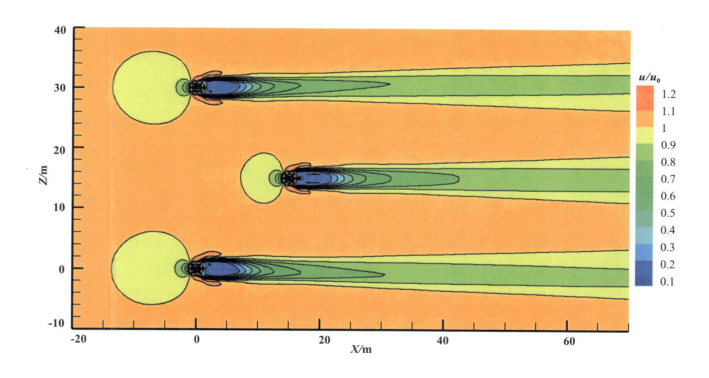

布局流场特点：礁体之间相互作用随着间距的增大而减小，当礁体间横向间距大于 4 倍的礁长后，鱼礁之间相互作用可以忽略。

金字塔礁

1. 主尺度	8 m × 8 m × 3.7 m	6. 上升流体积 /m³	17.40
2. 表面积 /m²	184.80	7. 背涡流体积 /m³	5.51
3. 空方体积 /m³	236.8	8. 对流效率指数	0.073
4. 混凝土体积 /m³	6.91	9. 转化效率指数	0.023
5. 礁体质量 /t	16.58	10. 无交错间距	无相互影响

主尺度：长（8 m）× 宽（8 m）× 高（3.7 m），壁厚 0.15 m。

适宜水深：15 ~ 30 m。

结构特点：属于资源养护型鱼礁。礁体为组装式金字塔结构，单个礁体空方体积大，鱼礁内设导流盘可形成复杂流场效应，较大空间和复杂的内部结构形成良好的庇护场所，较大外部表面积，使得金字塔礁能够兼顾藻礁的功能，营造出饵料场和繁育栖息场。适宜大多数中、小型鱼类的栖息、繁殖和庇护。

单体礁流场分布云图——*XOY*平面

单体鱼礁流场特点：均匀来流的情况下，3.7 m 高的金字塔礁由于其透空性强，礁体对其周围的流场影响较小，其上升流高度为 4.405 m，上升流体积为 17.40 m^3，上升流对流效率指数为 0.073。

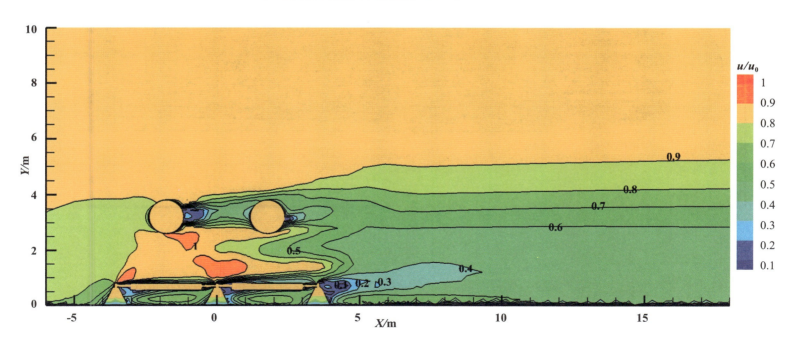

单体礁流场分布云图——*XOZ*平面

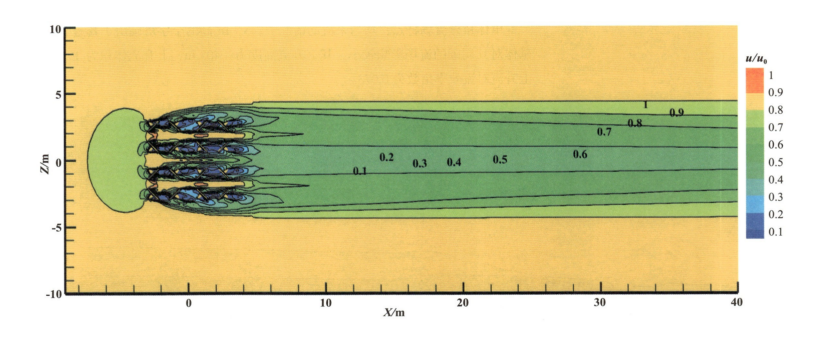

単体鱼礁流场特点：8 m 宽的金字塔礁背涡流长度为 0.29 m，背涡流体积为 5.51 m³，转化效率指数为 0.023，等流速线所覆盖区域流速小于来流速度的 70% 时，金字塔礁阻流的影响范围为礁宽的 10 倍。

礁体布局流场分布云图——*XOZ*平面

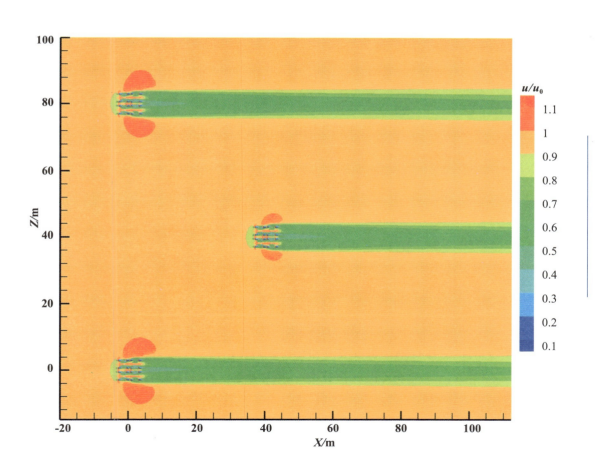

布局流场特点：金字塔礁流场性能较差，由于整体结构规模较大且具有高度透空性，礁体之间相互作用可以忽略，水流经过金字塔礁体在礁体后方形成缓流速带，可以吸引偏好低流速区域的鱼聚集在礁体的附近。

梯形框架礁

1. 主尺度	4 m × 4 m × 3 m	6. 上升流体积 /m³	33.37
2. 表面积 /m²	59.46	7. 背涡流体积 /m³	14.63
3. 空方体积 /m³	22.25	8. 对流效率指数	1.50
4. 混凝土体积 /m³	4.29	9. 转化效率指数	0.66
5. 礁体质量 /t	10.72	10. 无交错间距	4 倍

主尺度：长（4 m）× 宽（4 m）× 高（3 m），壁厚 0.15 m。

适宜水深：10 ~ 25 m。

结构特点：属于牡蛎资源修复型鱼礁，兼顾藻礁的功能。在礁体每个侧面可设置不同形状和大小的孔洞，有较大的空隙空间，礁体内部较大的透空性有利于水流对流和交换。礁体结构稳定性好，不易发生倾覆和滑移。礁体上可以移植牡蛎，礁体表面也有利于藻类和牡蛎的附着，营造出饵料场和繁育栖息场，修复牡蛎礁生态系统。

单体礁流场分布云图——*XOY*平面

单体鱼礁流场特点：均匀来流的情况下，3 m 高的梯形框架礁由于其透空性强，流场性能一般，其上升流高度为 4.93 m，上升流体积为 33.37 m^3，上升流对流效率指数为 1.50。

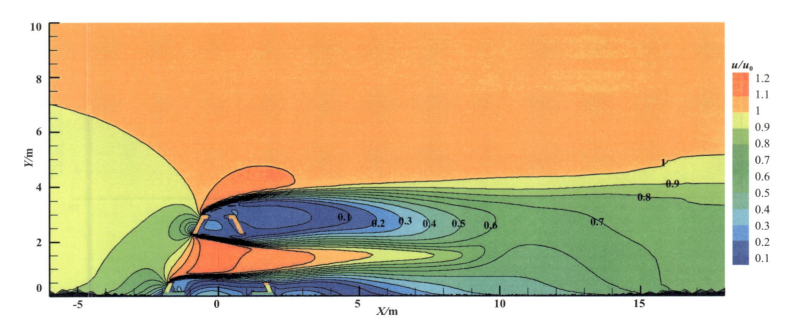

单体礁流场分布云图——*XOZ*平面

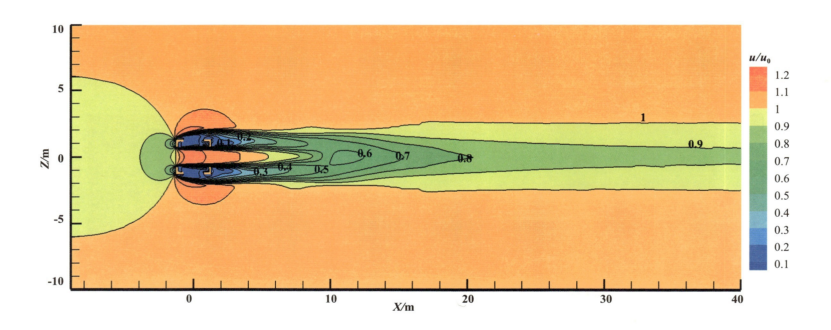

　　单体鱼礁流场特点：4 m 宽的梯形框架礁背涡流长度为 3.02 m，背涡流体积为 14.63 m³，转化效率指数为 0.657。当等流速线所覆盖区域流速小于来流速度的 70% 时，梯形框架礁阻流作用的影响范围约为礁宽的 5 倍。

礁体布局流场分布云图——*XOZ*平面

布局流场特点：梯形框架礁流场性能一般，建议根据礁体的贝藻礁功能按照 4 m×4 m 或 5 m×5 m 进行无间距投放，礁体附近流场受礁体的影响较小，当间距大于 4 倍的礁长时，鱼礁之间的相互作用可以忽略。

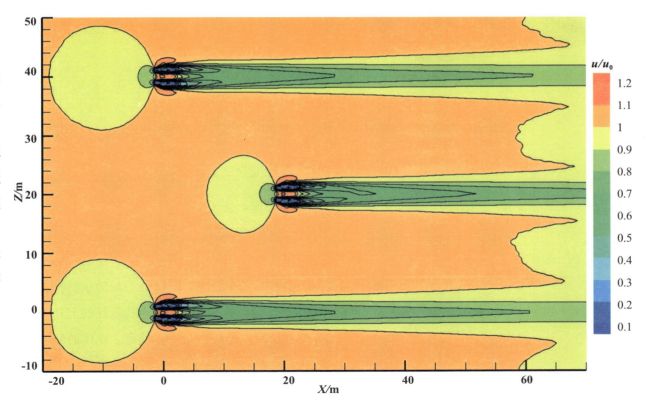

三角形礁

1. 主尺度	4 m × 3 m × 2.27 m	6. 上升流体积 /m³	115.33
2. 表面积 /m²	59.46	7. 背涡流体积 /m³	85.31
3. 空方体积 /m³	20.7	8. 对流效率指数	5.57
4. 混凝土体积 /m³	5.45	9. 转化效率指数	4.12
5. 礁体质量 /t	15.46	10. 无交错间距	6 倍

主尺度：长（4 m）× 宽（3 m）× 高（2.27 m），壁厚 0.15 m。

适宜水深：10 ~ 25 m。

结构特点：属于环境改善型人工鱼礁。在礁体两个侧面开设 6 个圆形孔，孔径的大小可以根据所在海域的生物特征进行调整，方便鱼在礁体附近穿梭。倾斜的迎流面能够形成较好的上升流，带动底部营养盐到中上层水域，提高水域垂直水流交换率。礁体的后方形成较长的缓流速区域，让恋礁性鱼类选择适宜的区域栖息、滞留。较大的表面积为海洋生物的附着提供了较好的附着基。

单体礁流场分布云图——*XOY*平面

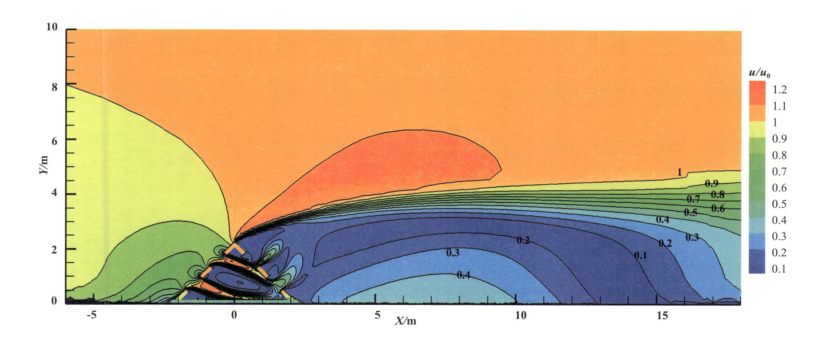

单体鱼礁流场特点：均匀来流的情况下，2.27 m 高的三角形礁由于其倾斜迎流面，形成较好的上升流，其上升流高度为 5.64 m，上升流体积为 115.33 m³，上升流对流效率指数为 5.57。

单体礁流场分布云图——*XOZ*平面

单体鱼礁流场特点：均匀来流的情况下，2.7 m 高的三角形礁体背涡流长度为 14.26 m，背涡流体积为 85.31 m³，转化效率指数为 4.12。在礁体的内部和周围形成复杂的流速分布区域，等流速线所覆盖区域流速小于来流速度的 70% 时，三角形礁体阻流的影响范围约为礁宽的 12 倍。

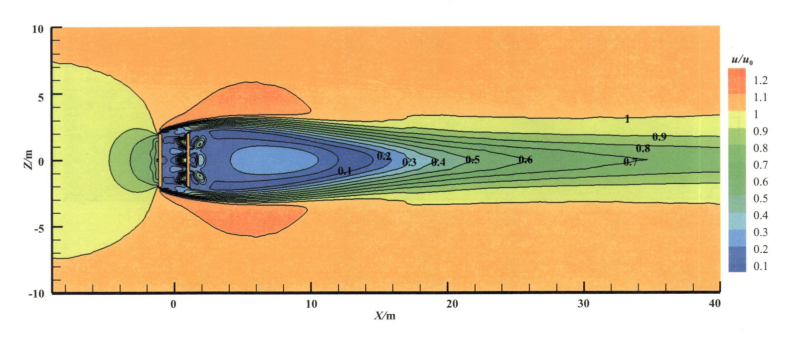

礁体布局流场分布云图——*XOZ*平面

布局流场特点：礁体之间相互作用随着间距的增大而减小，当礁体间横向间距大于6倍的礁长后，鱼礁之间相互作用可以忽略。

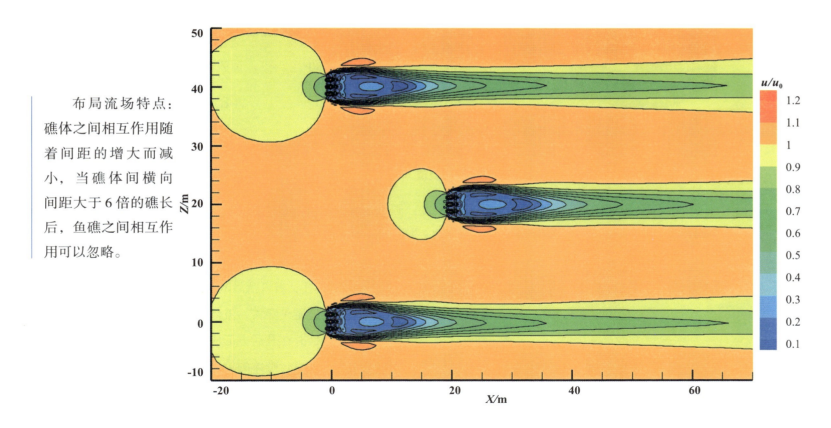

圆柱形礁

1. 主尺度	Φ5.15 m × 3.85 m	6. 上升流体积 /m³	161.56
2. 表面积 /m²	104.30	7. 背涡流体积 /m³	82.42
3. 空方体积 /m³	80.20	8. 对流效率指数	2.02
4. 混凝土体积 /m³	5.34	9. 转化效率指数	1.03
5. 礁体质量 /t	12.81	10. 无交错间距	6 倍

主尺度：圆柱直径（5.15 m）× 高（3.85 m），壁厚 0.15 m。

适宜水深：15 ~ 30 m。

结构特点：属于资源养护型人工鱼礁，兼顾藻礁的功能。圆柱形镂空礁体的表面有规律地开方形孔，开孔大小可以根据实际海域资源进行调整，方便鱼在礁体内部及附近游弋穿梭。流体经过圆柱形礁体在礁体内部和礁体外部形成复杂的流场，并在其后方形成复杂的湍流，流场作不规则运动，加速不同水层水体的交换。礁体的较大表面积为海洋生物的附着提供了较好的附着基。

单体礁流场分布云图——*XOY*平面

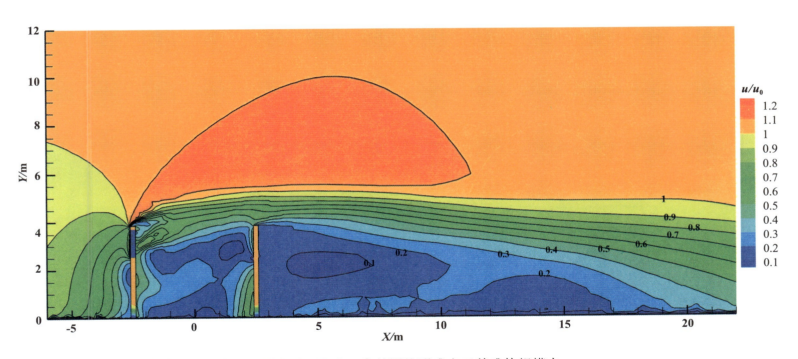

　　单体鱼礁流场特点：均匀来流的情况下，3.85 m 高的圆柱形礁由于其礁体规模大，形成较好的上升流和背涡流效应，其上升流高度为 6.91 m，上升流体积为 161.56 m^3，上升流对流效率指数为 2.02。

单体礁流场分布云图——*XOZ*平面

单体鱼礁流场特点：5.15 m 宽的圆柱形礁背涡流长度为 13.69 m，背涡流体积为 82.42 m³，转化效率指数为 1.03。当等流速线所覆盖区域流速小于来流速度的 70% 时，圆柱形礁阻流的影响范围约为礁宽的 12 倍。

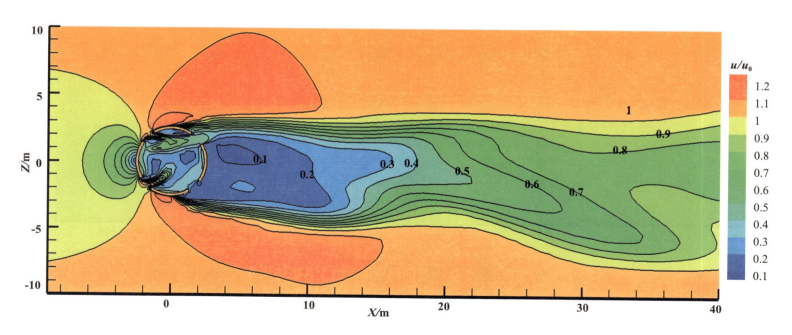

礁体布局流场分布云图——*XOZ*平面

布局流场特点：圆柱形礁体背涡流影响范围较大，礁体之间相互作用随着间距的增大而减小，当礁体间横向间距大于6倍的礁长后，鱼礁之间相互作用较小，礁体之间的相互作用可以忽略。

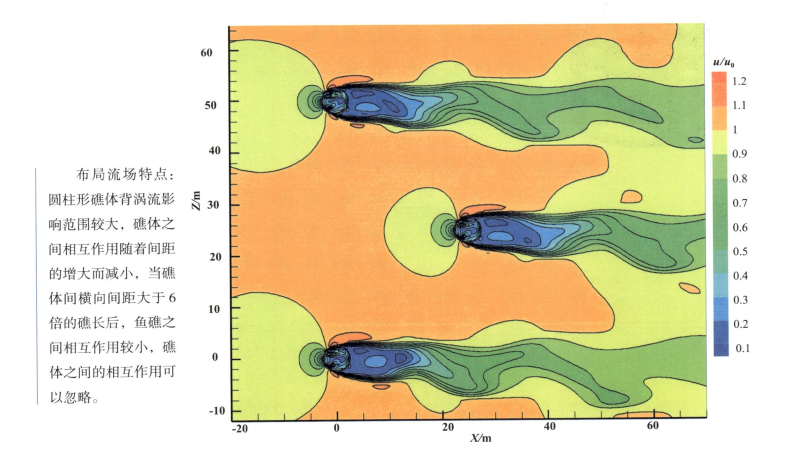

圆柱形框架礁

1. 主尺度	Φ3 m × 2.5 m	6. 上升流体积 /m³	4.71
2. 表面积 /m²	30.73	7. 背涡流体积 /m³	1.51
3. 空方体积 /m³	17.66	8. 对流效率指数	0.27
4. 混凝土体积 /m³	1.16	9. 转化效率指数	0.086
5. 礁体质量 /t	2.91	10. 无交错间距	4 倍

主尺度：圆柱直径（3 m）× 高（2.5 m），壁厚 0.15 m。

适宜水深：10 ~ 20 m。

结构特点：属于资源养护型人工鱼礁，兼顾藻礁的功能。圆柱形框架礁结构简单，整体透水性强，但流场性能较差，在礁体的内部和外部没有形成较复杂的流场，对礁体周围水域环境影响较小。圆柱形框架礁建议在海底堆积投放，能够形成许多连通空隙，增大礁体的实际可用空方体积，为恋礁性鱼类仔（稚）鱼的栖息、生长、庇护提供安全场所。

单体礁流场分布云图——*XOY*平面

　　单体鱼礁流场特点：均匀来流的情况下，2.5 m 高的圆柱形框架礁由于结构简单，透水性强，流场性能较差，其上升流高度为 3.35 m，上升流体积为 4.71 m³，上升流对流效率指数为 0.27。

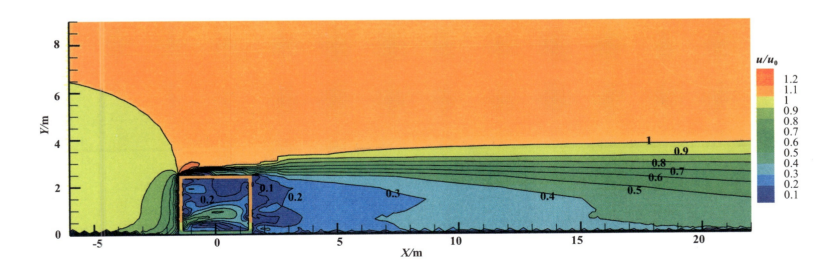

单体礁流场分布云图——*XOZ*平面

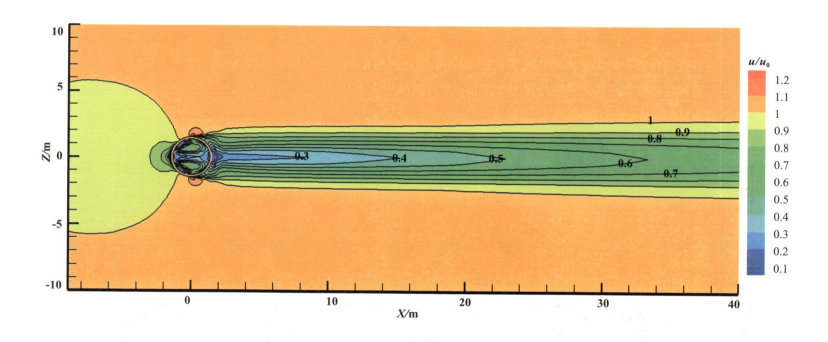

単体鱼礁流场特点：3 m 宽的圆柱形框架礁背涡流长度为 2.04 m，背涡流体积为 1.51 m³，转化效率指数为 0.086。当等流速线所覆盖区域流速小于来流速度的 70% 时，圆柱形框架礁阻流的影响范围约为礁宽的 11 倍。

礁体布局流场分布云图——*XOZ*平面

布局流场特点：圆柱形框架礁体周围流场简单，由于礁体较高的透水性，礁体的后方没有形成复杂的湍流，礁体之间相互作用随着间距的增大而减小，当礁体间横向间距大于4倍的礁长后，鱼礁之间相互作用较小。

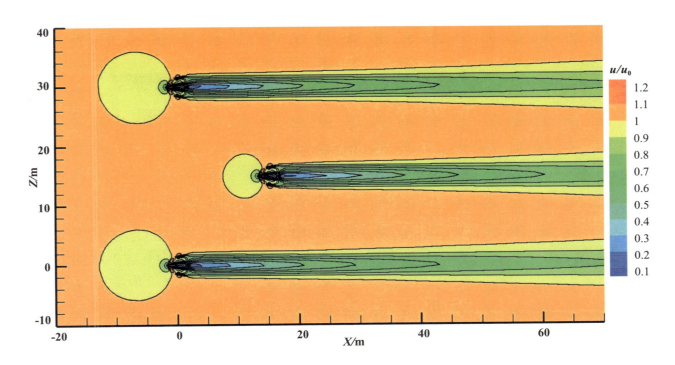

半球形礁

1. 主尺度	Φ3 m×1.5 m	6. 上升流体积 /m³	8.7
2. 表面积 /m²	21.11	7. 背涡流体积 /m³	4.04
3. 空方体积 /m³	7.07	8. 对流效率指数	1.23
4. 混凝土体积 /m³	1.23	9. 转化效率指数	0.57
5. 礁体质量 /t	3.08	10. 无交错间距	4 倍

主尺度：圆球直径（3 m）× 高（1.5 m），壁厚 0.15 m。

适宜水深：10 ~ 20 m。

结构特点：属于资源养护型鱼礁，兼顾藻礁的功能。球形镂空礁体的表面有多个圆形开孔，孔径大小可根据所在海域的鱼类特征进行调整，方便鱼穿梭游弋。内部镂空结构有利于水流交换，非对称圆形开孔在礁体的内部形成了较复杂的流场，穹顶形状有利于海洋生物的附着，营造出饵料场和繁育栖息场。适宜大多数中、小型鱼类的栖息、繁殖和庇护。

单体礁流场分布云图——*XOY*平面

单体鱼礁流场特点：均匀来流的情况下，1.5 m 高的球形礁由于结构简单，透水性强，流场性能一般，其上升流高度为 2.68 m，上升流体积为 8.70 m^3，上升流对流效率指数为 1.23。

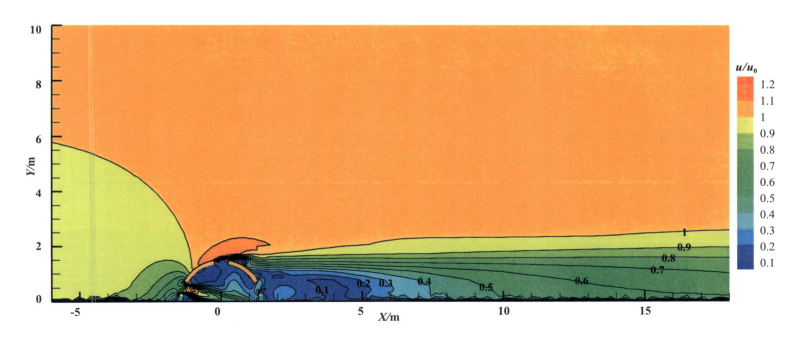

单体礁流场分布云图——*XOZ*平面

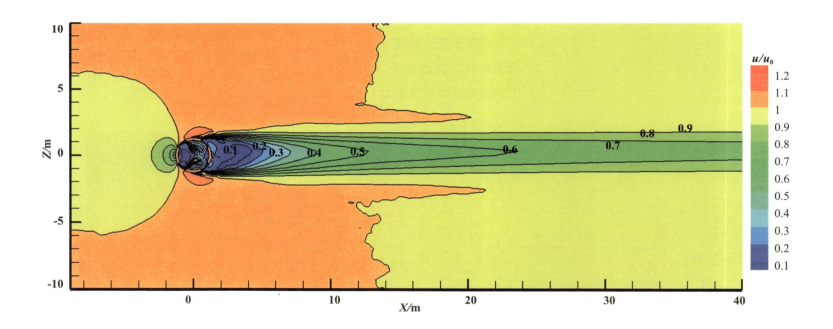

单体鱼礁流场特点：3 m 宽的球形礁背涡流长度为 3.89 m，背涡流体积为 4.04 m^3，转化效率指数为 0.57。当等流速线所覆盖区域流速小于来流速度的 70% 时，球形礁阻流的影响范围为礁宽的 7 倍左右。

礁体布局流场分布云图——*XOZ*平面

布局流场特点：球形礁体在礁体内部和后方形成缓流速区域，礁体之间相互作用随着间距的增大而减小，当礁体间横向间距大于 4 倍的礁长后，鱼礁之间相互作用可以忽略。

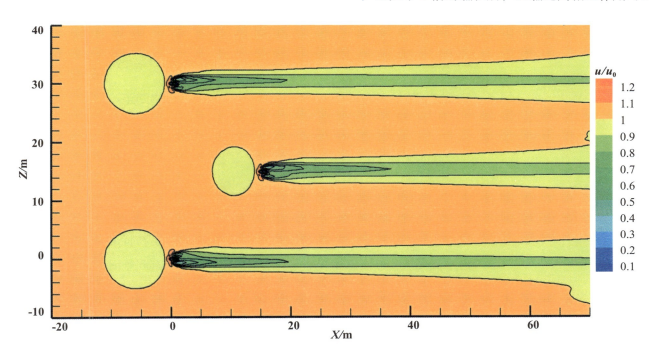

圆拱形礁

1. 主尺度	6 m × 6 m × 3 m	6. 上升流体积 /m³	198.52
2. 表面积 /m²	180.63	7. 背涡流体积 /m³	106.53
3. 空方体积 /m³	84.78	8. 对流效率指数	2.34
4. 混凝土体积 /m³	13.02	9. 转化效率指数	1.26
5. 礁体质量 /t	31.25	10. 无交错间距	5 倍

主尺度：长（6 m）× 宽（6 m）× 高（3 m），壁厚 0.15 m。

适宜水深：10 ~ 25 m。

结构特点：属于资源养护型鱼礁，兼顾藻礁的功能。礁体呈圆拱形镂空结构，较大的底部使得礁体具有较好的稳定性，防沉降。圆拱表面开设多个圆形小孔，孔径大小及位置可根据所在海域的生物特征进行调整，促进水流交换，方便鱼穿梭游弋。圆拱形较大的表面有利于海洋生物的附着与生长，营造出饵料场和繁育栖息场。适宜大多数中、小型鱼类的栖息、繁殖和庇护。

单体礁流场分布云图——*XOY* 平面

　　单体鱼礁流场特点：均匀来流的情况下，3 m 高的圆拱形礁规模较大，流场性能较好，其上升流高度为 6.32 m，上升流体积为 198.52 m^3，上升流对流效率指数为 2.34。

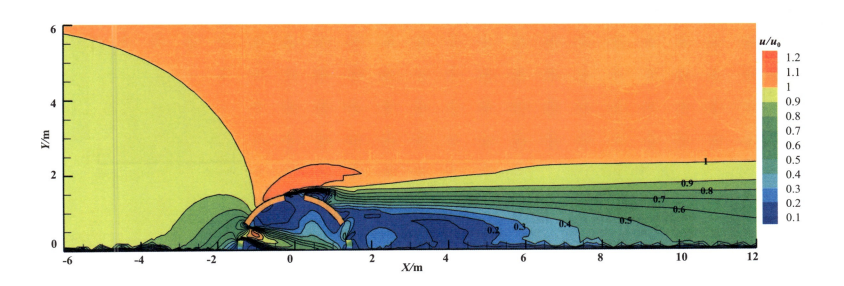

单体礁流场分布云图——*XOZ*平面

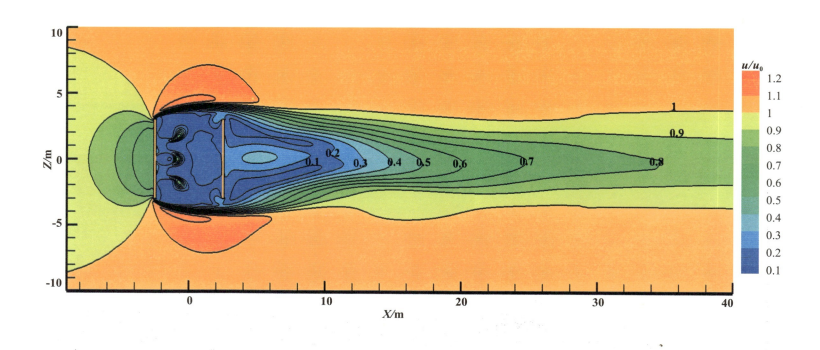

单体鱼礁流场特点：6 m 宽的圆拱形礁背涡流长度为 9.68 m，背涡流体积为 106.53 m³，转化效率指数为 1.26。当等流速线所覆盖区域流速小于来流速度的 70% 时，圆拱形礁阻流的影响范围约为礁宽的 8 倍。

礁体布局流场分布云图——*XOZ*平面

布局流场特点：圆拱形礁体在礁体内部和后方形成缓流速区域，礁体之间相互作用随着间距的增大而减小，当礁体间横向间距大于5倍的礁长，鱼礁之间相互作用较小。

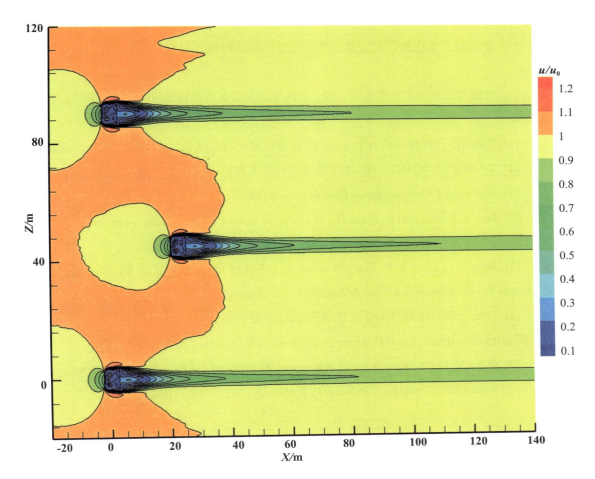

参考文献

[1] 姜昭阳，郭战胜，朱立新，等 . 人工鱼礁结构设计原理与研究进展 [J]. 水产学报，2019，43(9): 1881–1889.

[2] 唐衍力，龙翔宇，王欣欣，等 . 中国常用人工鱼礁流场效应的比较分析 [J]. 农业工程学报，2017，33(8): 97–103.

[3] 王福军 . 计算流体动力学分析：CFD 软件原理与应用 [M]. 北京：清华大学出版社，2004.

[4] 中华人民共和国农业部 . 人工鱼礁建设技术规范：SC/T 9416—2014 [S]. 北京：中国农业出版社，2014.

[5] Anderson J. Computational fluid dynamics [M]. New York: McGraw–Hill, 1995.

[6] Zore k, Sasanapuri B, Parkhi G, et al. Ansys mosaic poly–hexcore mesh for high–lift aircraft configuration [C] // 21st Annual CFD Symposium, 2019.

[7] Tang Y L, Long X Y, Wang X X, et al.. Effect of reefs spacing on flow field around artificial reef based on the hydrogen bubble experiment [C] // ASME2017 36th International Conference on Ocean, Offshore and Arctic Engineering.

[8] Tang Y L, Hu Q, Wang X X. Evaluation of flow field in the layouts of cross–shaped artificial reefs [C] // ASME2019 38th International Conference on Ocean, Offshore and Arctic Engineering.

[9] Wang X, Liu X, Tang Y, et al. Numerical Analysis of the Flow Effect of the Menger–Type Artificial Reefs with Different Void Space Complexity Indices [J]. Symmetry, 2021, 13(6): 1040.